カラー版

10分で読める

わくわく科学

小学3・4年

荒俣 宏 監修

理科がだいすきになる

52のふしぎ

子《こ》どもはみんな、生《う》まれながらの科学者《かがくしゃ》なんだ！

荒俣《あらまた》 宏《ひろし》
先生《せんせい》から

みなさんは、自分《じぶん》が科学者《かがくしゃ》だなんて、思《おも》っていないかもしれないね。でも、毎日《まいにち》どこかで、おもしろいこと、ふしぎなこと、おどろくことにぶつかって、先生《せんせい》やご両親《りょうしん》に、「なぜ、そうなるの？」と、しつ問《もん》してまわったことがあるでしょう？　知《し》りたいと思《おも》う心《こころ》、ぎ問《もん》をときあかそうとする心《こころ》、じつは、それが科学《かがく》のはじまりなんだ。

ぼくも、知《し》りたがりの子《こ》どもだった。あるとき、サンタさんのそりを引《ひ》っぱるトナカイが、オスなのかメスなのか、ぎ問《もん》に

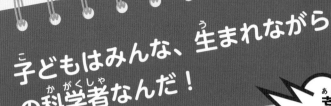

思《おも》ったんだ。先生《せんせい》に聞《き》いてもわからないので、自分《じぶん》の力《ちから》で本《ほん》をさがして、ついに答《こた》えを見《み》つけた。本当《ほんとう》にうれしくて、おかげで読書《どくしょ》も大好《だいす》きになったよ。

きみたちが住《す》んでいるこの世界《せかい》は、うちゅうも地球《ちきゅう》も、そして人間《にんげん》がつくった機械《きかい》も都市《とし》も、さぐればさぐるほど、ふしぎだらけなんだ。

この本《ほん》は、そんな科学《かがく》のおもしろさをみんなに知《し》ってもらうために書《か》かれたんだ。知《し》る楽《たの》しさをたっぷり感《かん》じてほしい。

もちろん、サンタのトナカイがどっちかも、書《か》いてあるよ！

もくじ

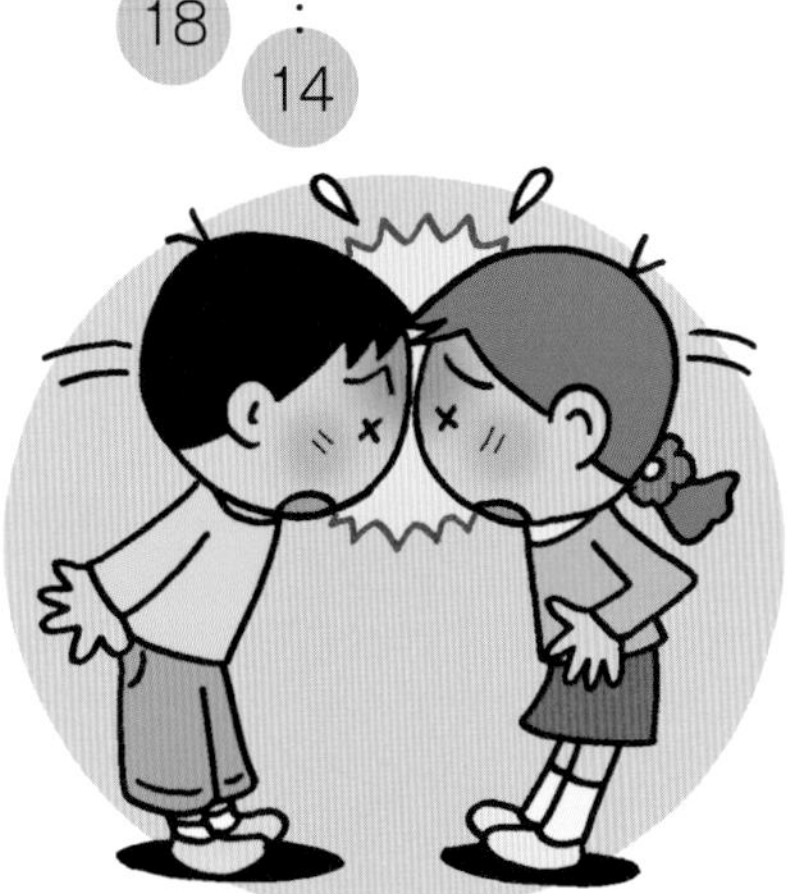

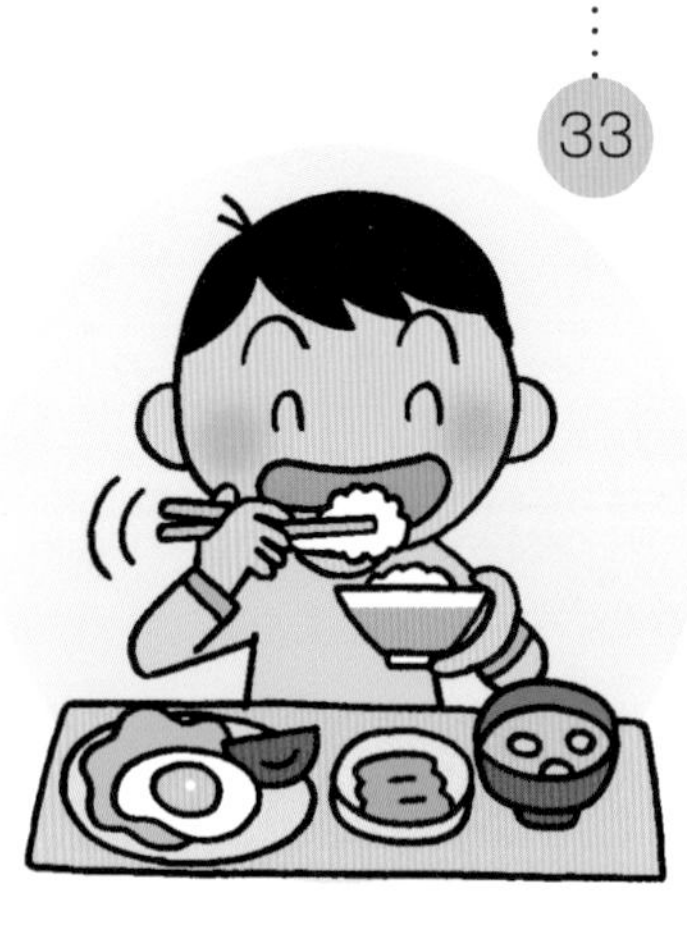

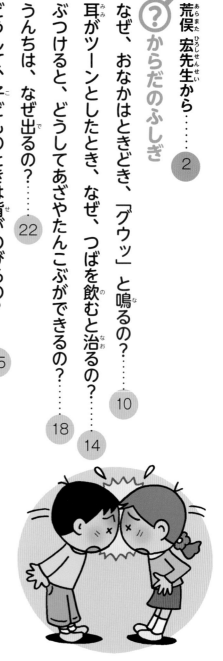

動物《どうぶつ》のふしぎ

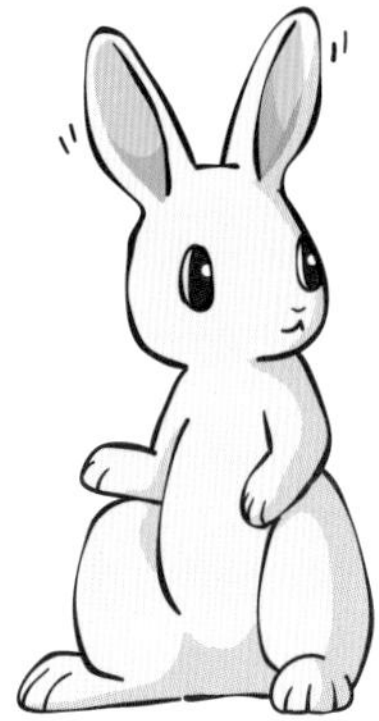

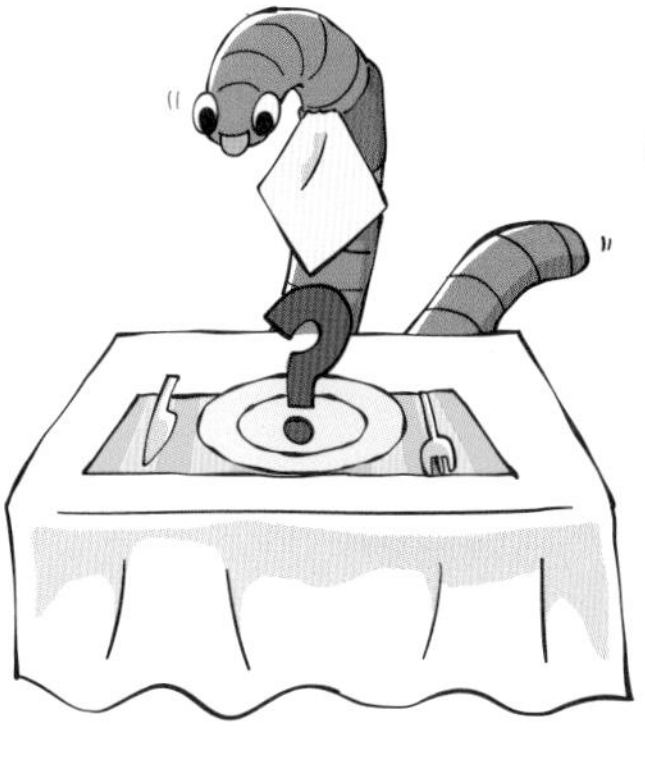

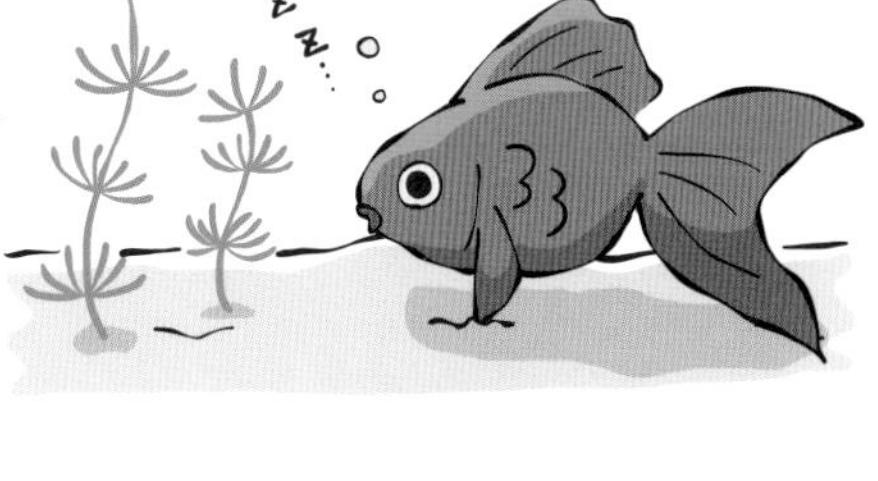

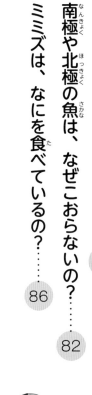

もくじ

植物《しょくぶつ》・こん虫《ちゅう》のふしぎ

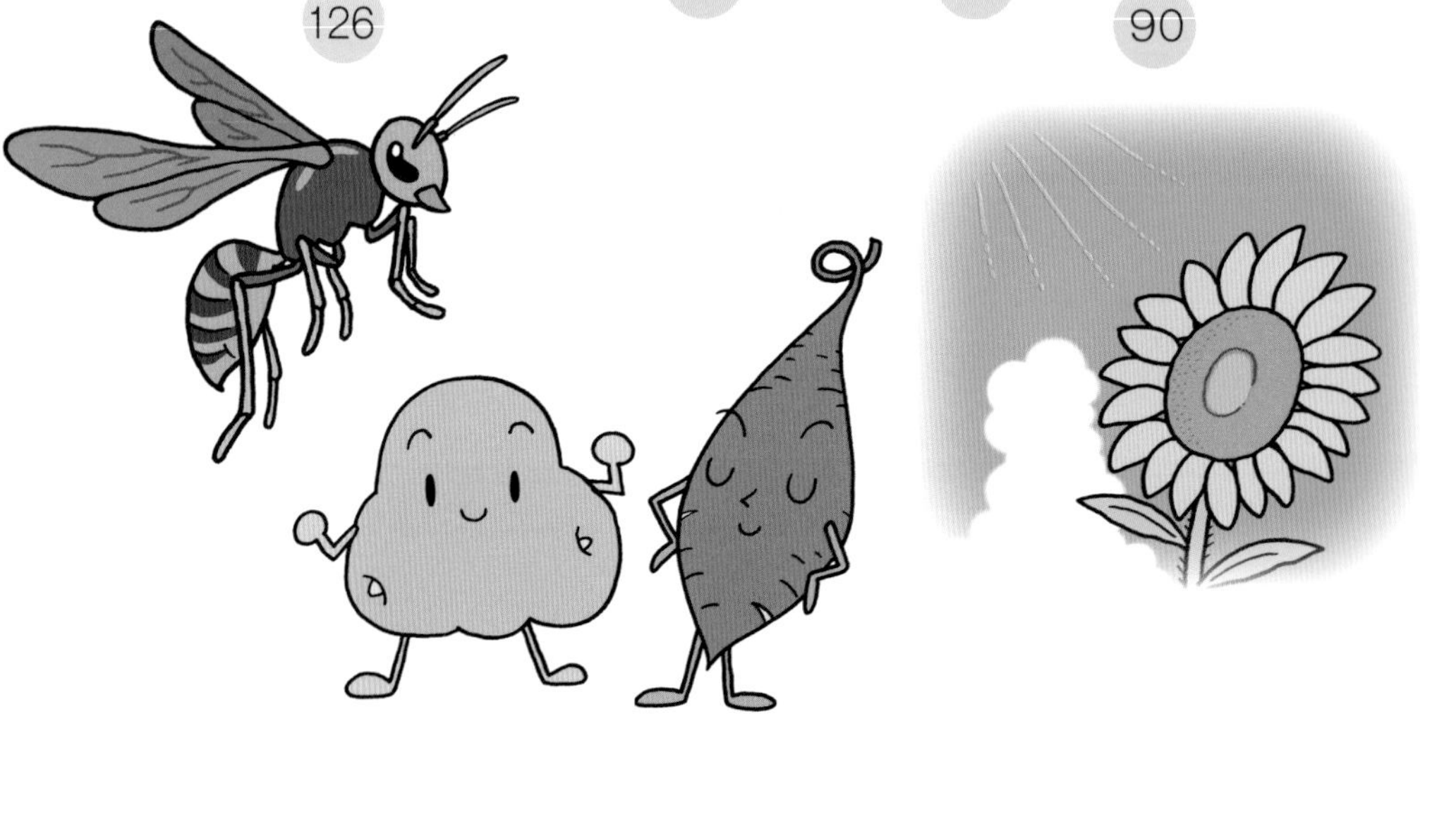

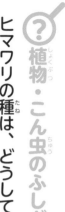

？地球《ちきゅう》・うちゅうのふしぎ

もくじ

身近《みぢか》なふしぎ

からだのふしぎ

イラスト／高橋正輝

なぜ、おなかはときどき、「グウッ」と鳴《な》るの？

おなかが「グウッ」と鳴《な》ってしまうことって、ありますよね！
ちょっとはずかしいけれど、自然《しぜん》に出《で》る音《おと》だから、止《と》められません。
いったい、おなかのどこが鳴《な》っているのでしょうか？
口《くち》から飲《の》みこんだ食《た》べ物《もの》は、食道《しょくどう》というパイプをおりていき「胃《い》」にためられます。
食《た》べ物《もの》が入《はい》ってくると、胃《い》のかべから食《た》べ物《もの》をとかす「えき」が出《で》てきます。胃《い》は、ぐいぐいと動《うご》いて、えきと食《た》べ物《もの》をまぜます。どろどろにとけた食《た》べ物《もの》は、「腸《ちょう》」に送《おく》られて、栄養分《えいようぶん》が吸収《きゅうしゅう》されます。食《た》べ物《もの》を送《おく》り出《だ》したあとも、胃《い》はときどき動《うご》いています。次《つぎ》の食《た》べ物《もの》がいつ入《はい》ってきてもいいように、中《なか》をおそうじするのです。そのときには、もうほとんど食《た》べ物《もの》は残《のこ》っていません。ちょっとだけ残《のこ》った食《た》べ物《もの》といっしょに、胃《い》の中《なか》にある空気《くうき》も腸《ちょう》に向《む》かって、おし出《だ》さ

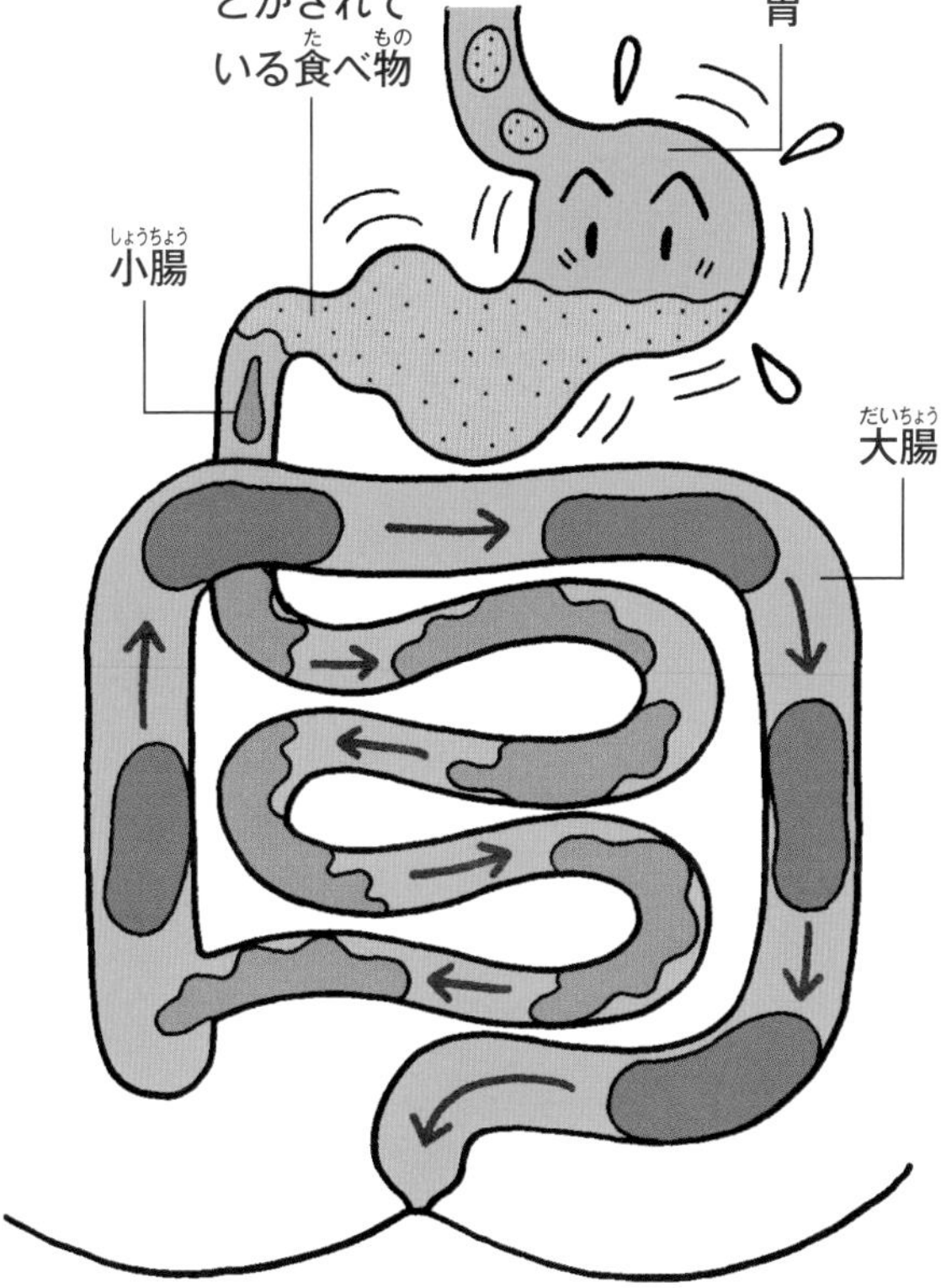

れます。ふくろのような胃《い》から、せまい腸《ちょう》に向《む》かって空気《くうき》がぎゅっとおし出《だ》されるので、「グウッ」と音《おと》がするのです。

また、胃《い》は、脳《のう》の指示《しじ》によっても動《うご》きます。ごはんの時間《じかん》が近《ちか》づいたときに、おいしい食《た》べ物《もの》のにおいがすると、脳《のう》は「おや、食《た》べ物《もの》のにおいだ。そろそろ、ごはんだな。よし、いつ食《た》べ物《もの》が入《はい》ってきてもいいように、じゅんびをしておこう」と、はんだんします。そして、胃《い》をぐいぐいと動《うご》かすので、空気《くうき》があると「グウッ」と音《おと》がしてしまいます。

ところで、胃《い》の中《なか》の空気《くうき》はどこから来《き》たのでしょう。じつは、ごはんを食《た》べるときに空気《くうき》もいっしょに飲《の》みこんでいるのです。その空気《くうき》が、胃《い》にたまっていたのです。大部分《だいぶぶん》の空気《くうき》は、腸《ちょう》で吸収《きゅうしゅう》されます。吸収《きゅうしゅう》されなかった空気《くうき》は、おならやげっぷになって外《そと》へ出《で》ます。

ぱくぱくとあわててごはんを食《た》べると、空気《くうき》をたくさん飲《の》みこんでしまいます。ごはんは、ゆっくりと落《お》ち着《つ》いて食《た》べましょうね。

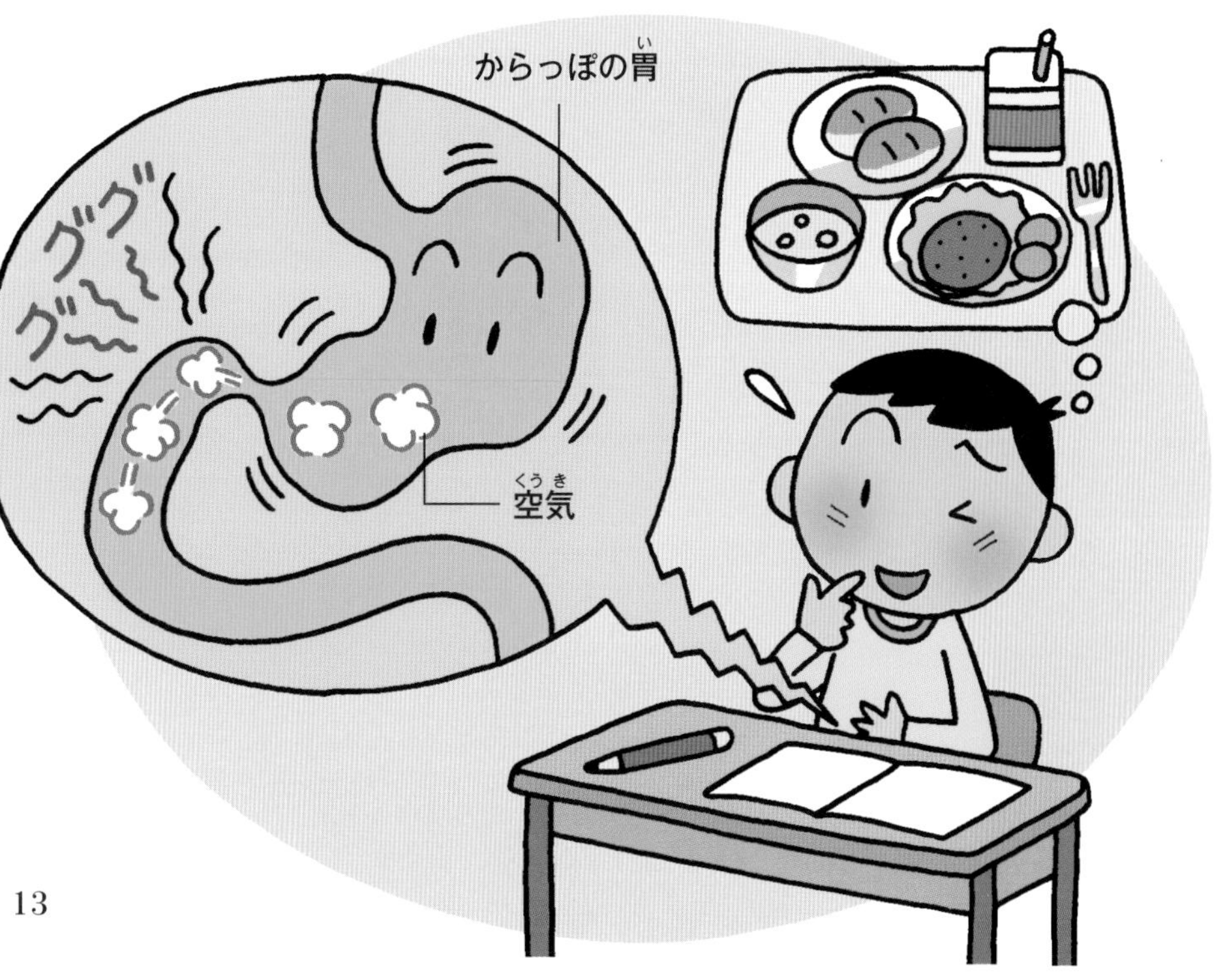

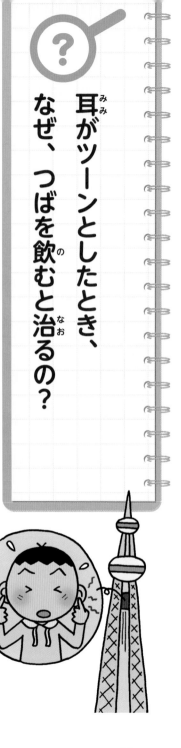

耳《みみ》がツーンとしたとき、なぜ、つばを飲《の》むと治《なお》るの？

高《たか》いビルにエレベーターで一気《いっき》に上《あ》がったときや、おりたときに、耳《みみ》がツーンといたくなることがあります。耳《みみ》に何《なに》か起《お》きたのでしょうか？大丈夫《だいじょうぶ》です。耳《みみ》の中《なか》のつくりのために、自然《しぜん》とこうなるのです。つばを飲《の》みこめば治《なお》ることが多《おお》いですよ。

どうしていたくなるのか、まず「気圧《きあつ》」のことを知《し》ってください。わたしたちの周《まわ》りには、空気《くうき》があります。その空気《くうき》は、いつもわたしたちをおしています。空気《くうき》がおす力《ちから》を「気圧《きあつ》」といいます。空気《くうき》の量《りょう》が少《すく》ないと、おす力《ちから》が弱《よわ》くなります。これを「気圧《きあつ》が低《ひく》くなる」といいます。

耳《みみ》のあなからは、トンネルがのびています。トンネルのとちゅうには、「こまく」というまくがあって、内側《うちがわ》と外側《そとがわ》に区切《くぎ》られています。こまくの内側《うちがわ》にも部屋《へや》があり、空気《くうき》が入《はい》っています。地面《じめん》の上《うえ》にいるときは、こまくの内側《うちがわ》も外側《そとがわ》も気圧《きあつ》は同《おな》じです。

でも、高《たか》い所《ところ》に行《い》くと、こまったことが起《お》こります。高《たか》い所《ところ》は、地面《じめん》の上《うえ》より空気《くうき》の量《りょう》が少《すく》ないのです。こまくの外側《そとがわ》は気圧《きあつ》が低《ひく》くなりますが、内側《うちがわ》は空気《くうき》がつまったままで、気圧《きあつ》は地面《じめん》と同《おな》じです。

すると、気圧《きあつ》が高《たか》い内側《うちがわ》から気圧《きあつ》が低《ひく》い外側《そとがわ》のほうに、こまくがぎゅっと引《ひ》っぱられて、耳《みみ》がツーンといたくなるのです。

こんなときのために、気圧《きあつ》のちがいを直《なお》せる通路《つうろ》があります。こまくの内側《うちがわ》と鼻《はな》のおくを結《むす》んでいる「耳管《じかん》」という通路《つうろ》です。ふだんはとじていますが、つばを飲《の》みこむと周《まわ》りのきん肉《にく》が動《うご》いて、通路《つうろ》が広《ひろ》がります。こまくの内側《うちがわ》の空気《くうき》は、耳管《じかん》を通《とお》って鼻《はな》のおくにぬけます。空気《くうき》の量《りょう》が少《すく》なくなれば、気圧《きあつ》も外側《そとがわ》と同《おな》じになります。もう、こまく

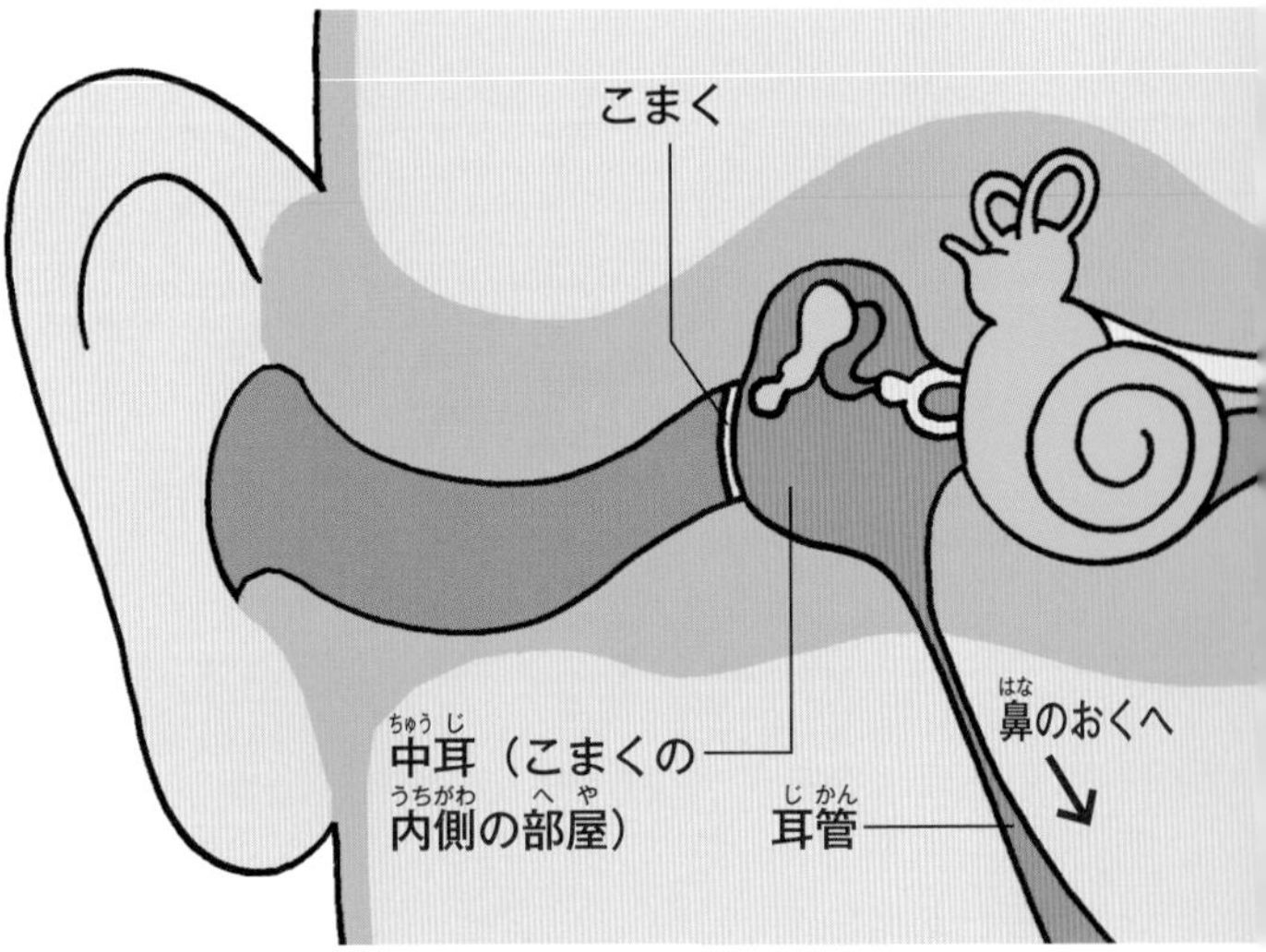

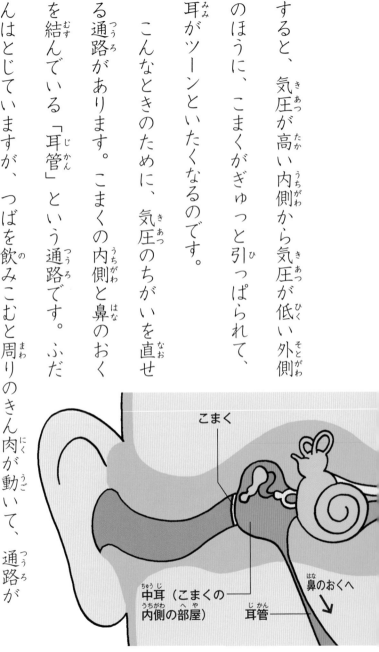

は引《ひ》っぱられないので、いたくありません。気圧《きあつ》の低《ひく》い所《ところ》から高《たか》い所《ところ》に行《い》ったときも同《おな》じです。つばを飲《の》みこめば、今度《こんど》は耳管《じかん》を通《とお》って空気《くうき》がこまくの内側《うちがわ》に入《はい》るので、外側《そとがわ》と気圧《きあつ》が同《おな》じになります。

つばだけではなく、水《みず》でもごはんでも、ごくっと何《なに》かを飲《の》めば耳管《じかん》が開《ひら》くことが多《おお》いのです。今度《こんど》、耳《みみ》がツーンとなったら、ためしてくださいね。

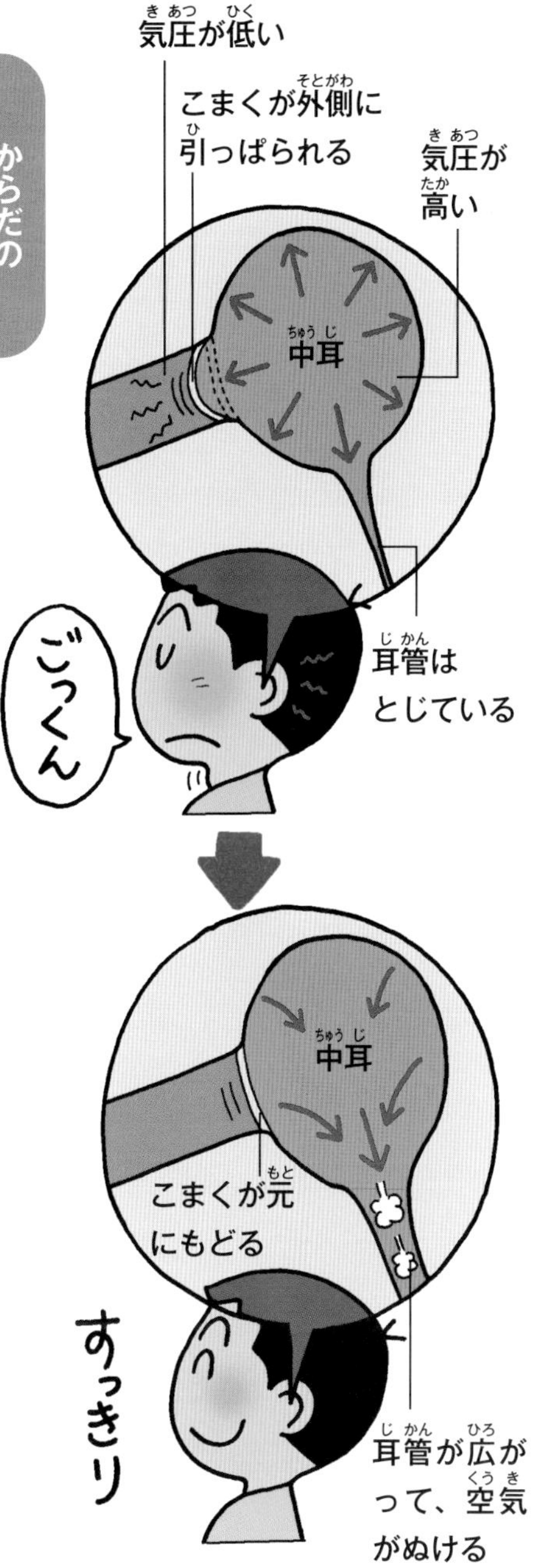
気圧《きあつ》が低《ひく》い
こまくが外側《そとがわ》に引《ひ》っぱられる
気圧《きあつ》が高《たか》い
中耳《ちゅうじ》
耳管《じかん》はとじている
ごっくん
中耳《ちゅうじ》
こまくが元《もと》にもどる
すっきり
耳管《じかん》が広《ひろ》がって、空気《くうき》がぬける

ぶつけると、どうして あざやたんこぶができるの？

お友《とも》だちと、ごっつんと、おでこをぶつけちゃった！「いたいなあ」と思《おも》っていたら、だんだん大《おお》きくなって、たんこぶができちゃった！ こんなことは、ありませんか？ だけど、手《て》や足《あし》、おしりだって、ぶつけることはありますよね。どうして頭《あたま》には、たんこぶができるのでしょうか？

からだをかたいところにぶつけると、そのいきおいで、からだの中《なか》の

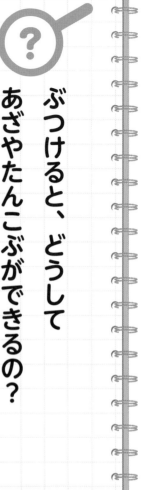

血管《けっかん》がやぶれてしまうことがあります。このとき、皮《ひ》ふもやぶれたら、そこから血《ち》がダラダラと流《なが》れてしまいます。

だけど、皮《ひ》ふがやぶれなかったら、血《ち》はからだの外《そと》には出《で》ないで、皮《ひ》ふの下《した》に広《ひろ》がります。これを内出血《ないしゅっけつ》といいます。

からだの中《なか》で広《ひろ》がった血《ち》は、すぐにかたまります。このかたまりは、みなさんも見《み》たことがありますよ。むらさき色《いろ》の

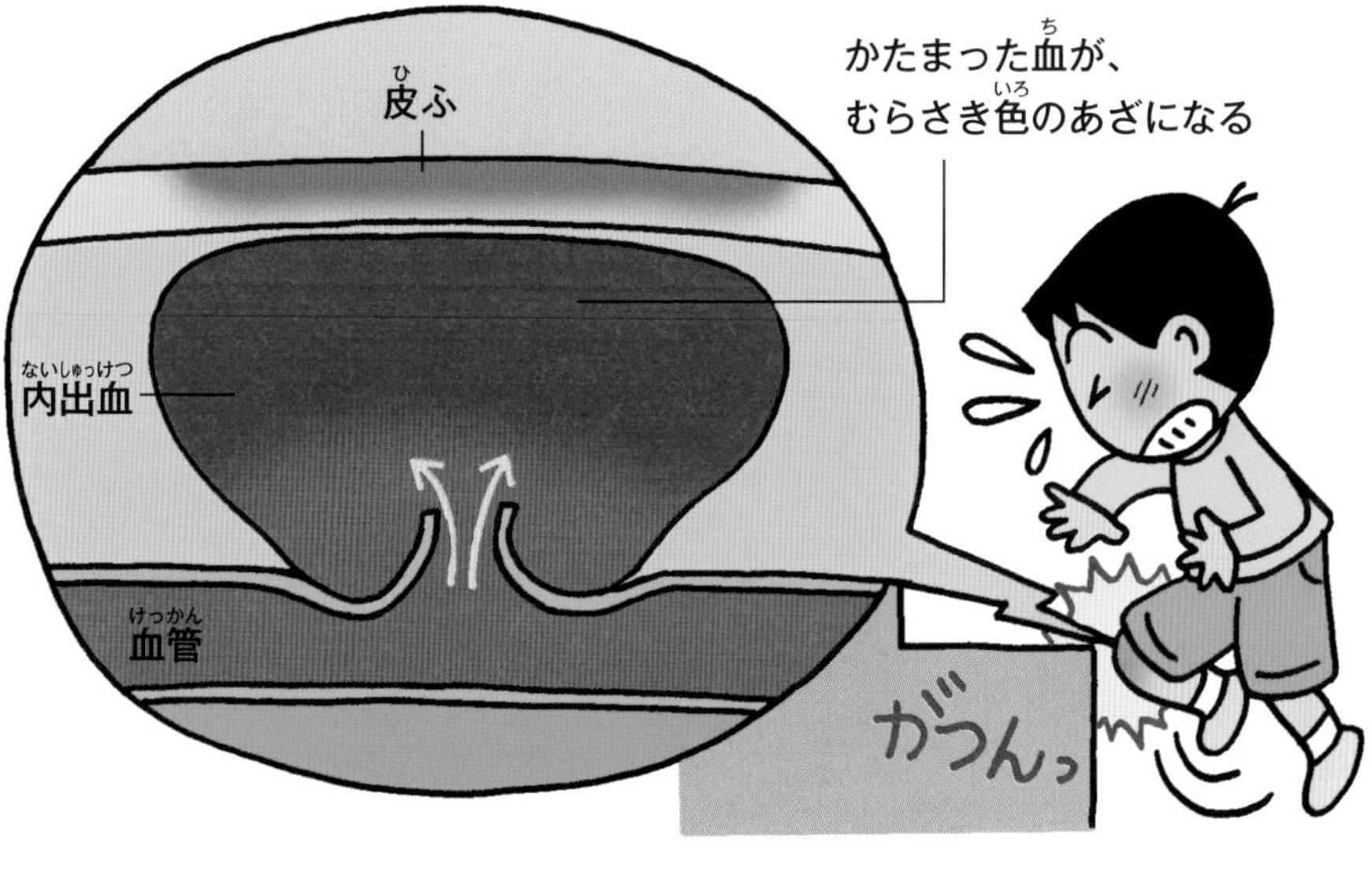

「あざ」です。内出血《ないしゅっけつ》してかたまった血《ち》が、皮《ひ》ふからすけて見《み》えているのです。かたまった血《ち》は、時間《じかん》がたつと少《すこ》しずつ吸収《きゅうしゅう》されて、小《ちい》さくなっていきます。だから、あざは、むらさき色《いろ》から黄緑色《きみどりいろ》へとうすくなり、やがて消《き》えてしまうのです。

からだのどこをぶつけても、内出血《ないしゅっけつ》が起《お》こります。ところが、頭《あたま》では少《すこ》し様子《ようす》

皮《ひ》ふがもり上《あ》がって、
たんこぶになる
たまった血《ち》
皮《ひ》ふ
血管《けっかん》
頭《あたま》の骨《ほね》

がちがってきます。頭《あたま》は、皮《ひ》ふの下《した》がすぐに骨《ほね》で、血管《けっかん》から出《で》た血《ち》が広《ひろ》がるところがありません。それで、たまった血《ち》が、皮《ひ》ふをおし上《あ》げてしまいます。これが、たんこぶなのです。あざと同《おな》じように、たんこぶをつくった血《ち》も、やがて吸収《きゅうしゅう》されて、たんこぶは小《ち》さくなっていきます。

けれども、もし頭《あたま》を強《つよ》くぶつけたときには、かならず大人《おとな》の人《ひと》に伝《つた》えましょう。脳《のう》によくないことがあるかもしれないからです。

うんちは、なぜ出《で》るの？

ごはんを食《た》べれば、やがてうんちが出《で》ます。うんちは、食《た》べた物《もの》から栄養分《えいようぶん》を取《と》ったあとの残《のこ》りかすなのです。そして、おなかの調子《ちょうし》を教《おし》えてくれる、からだからの「お便《たよ》り」でもあります。きたない！　くさい！　なんてきらわないで、うんちについて勉強《べんきょう》してみましょうね。

食《た》べた物《もの》は、口《くち》からおしりのあなまで続《つづ》く、九《きゅう》メートルほどのトンネ

ルを通《とお》って、うんちになります。そのトンネルのなかで、いちばん長《なが》いところが「小腸《しょうちょう》」です。小腸《しょうちょう》は、胃《い》でどろどろになった食《た》べ物《もの》から、栄《えい》養分《ようぶん》を吸収《きゅうしゅう》します。

栄養分《えいようぶん》がなくなった食《た》べかすは、「大腸《だいちょう》」に送《おく》られます。大腸《だいちょう》では、水分《すいぶん》が吸収《きゅうしゅう》されるので、どろどろだった食《た》べかすが、だんだんとかたまっていきます。ここに、腸《ちょう》のかべからはがれてしまった細《さい》ぼうや、腸《ちょう》の中《なか》で栄養分《えいようぶん》の吸収《きゅうしゅう》を手伝《てつだ》っていた細菌《さいきん》の死《し》がいなどがまじって、うんちになるのです。

おなかが元気《げんき》であれば、よいうんちが出《で》ますよ。よいうんちは、あまりくさくありません。トイレに行《い》けば、するっと気《き》持《も》ちよく出《で》ます。大《おお》きさも、やわらかさも、食《た》べごろのバナナくらいです。ごはんも、野菜《やさい》も、お肉《にく》も、しっかり食《た》べて、毎日《まいにち》、運動《うんどう》していると、よいうんちが出《で》ます。おなかが元気《げんき》だという「お便《たよ》り」ですね。

うんちをがまんするのは、からだによいことではありません。トイレに行《い》きたくなったら、すぐに行《い》きましょうね。

すっきりしたね～
ウンニャ～

どうして、子《こ》どものときは背《せ》がのびるの？

去年《きょねん》とくらべて、背《せ》はのびたかな？　毎年《まいとし》、ちょっとずつ背《せ》がのびる人《ひと》もいれば、一年《いちねん》で十《じっ》センチメートル以上《いじょう》ものびる人《ひと》もいますね。

背《せ》がのびるのは、骨《ほね》が長《なが》くなっていくからです。骨《ほね》って、さわったらかたちがわかるくらいに、かたいですよね。こんなにかたいのに、長《なが》くなることがあるのでしょうか？

背中《せなか》をさわると、骨《ほね》がでこぼこしているし、手《て》や足《あし》には長《なが》い大《おお》きな骨《ほね》がありますね。背《せ》がのびるときには、このような骨《ほね》のひとつひとつが長《なが》くなるのです。長《なが》い骨《ほね》の両《りょう》はしは、はばが広《ひろ》くなったり、丸《まる》くなったりしてふくらんでいます。ふくらんでいる部分《ぶぶん》と細長《ほそなが》い部分《ぶぶん》のあいだは、じつは骨《ほね》ではなくて、なん骨《こつ》でできて

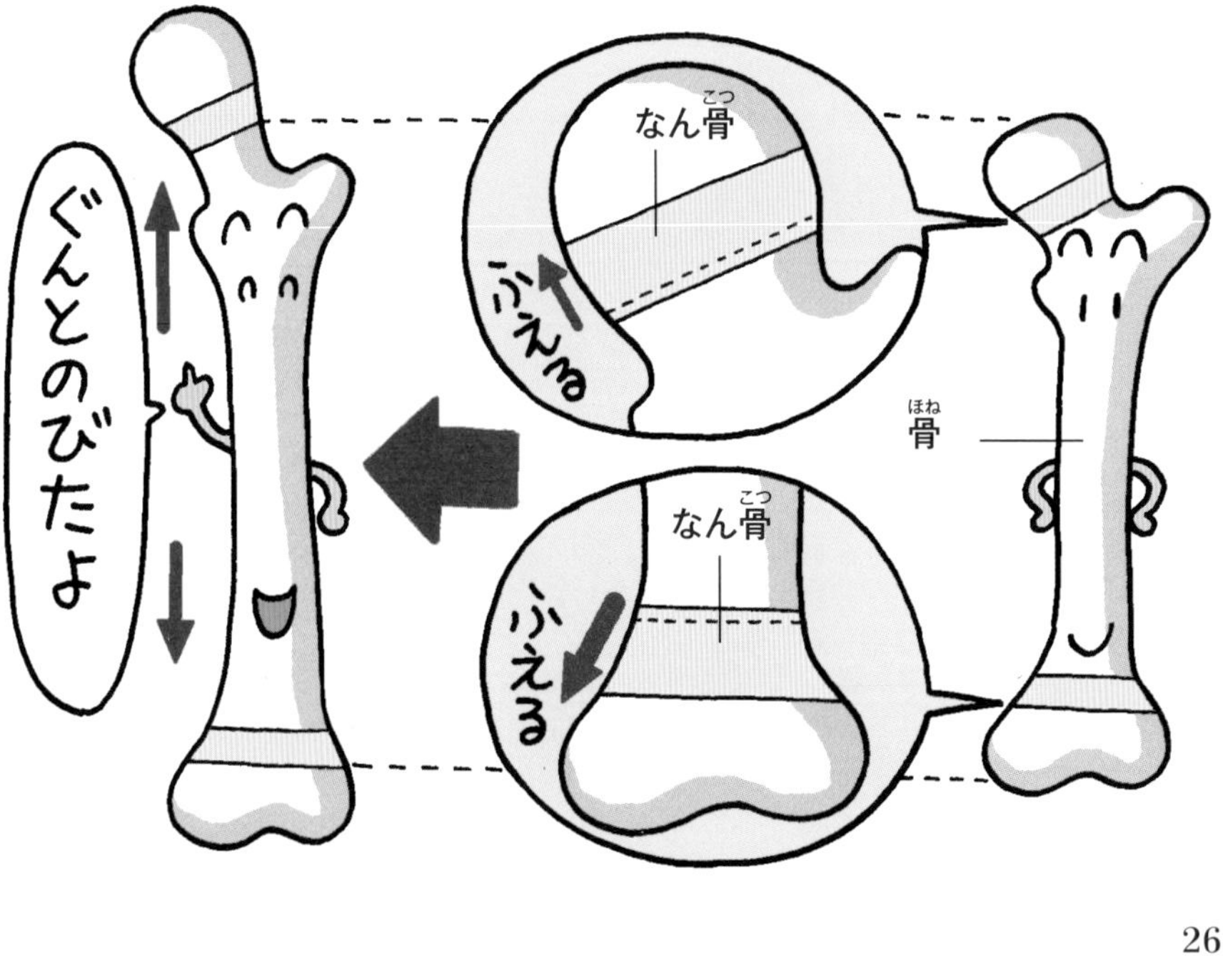
なん骨《こつ》
ふえる
骨《ほね》
なん骨《こつ》
ふえる
ぐんとのびたよ

います。なん骨《こつ》は白《しろ》っぽくて、消《け》しゴムくらいのかたさです。なん骨《こつ》はどんどんふえて、長《なが》くなろうとします。でも、骨《ほね》とくっついているところでは、なん骨《こつ》がこわされて、かたい骨《ほね》に変《か》わってしまいます。そうすると、骨全体《ほねぜんたい》が長《なが》くなっていくのです。

十代《じゅうだい》の終《お》わりころには、このなん骨《こつ》は、すべてかたい骨《ほね》になってしまいます。すると、もう骨《ほね》を長《なが》くしようとするところがなくなってしまうので、背《せ》ものびなくなるのです。

なん骨《こつ》をふやして、骨《ほね》を長《なが》くするのは、主《おも》に成長《せいちょう》ホルモンのはたらきです。ホルモンとは、からだがうまくはたらくように助《たす》けてくれる大事《だいじ》な物質《ぶっしつ》です。

昔《むかし》から、「ねる子《こ》は育《そだ》つ」と、いいます。成長《せいちょう》ホルモンは、ねむっているときに、たくさんつくられます。成長《せいちょう》ホルモンには骨《ほね》を長《なが》くするほかにも、きん肉《にく》やいろいろな内《ない》ぞうを大《おお》きくして、活発《かっぱつ》にするはたらきがあります。元気《げんき》で、強《つよ》いからだをつくるためにも、夜《よる》は、きちんとねむりましょうね。

背《せ》はねむっているときにのびるんだ
ZZZ

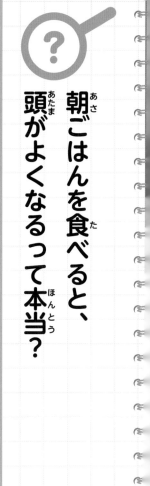

朝《あさ》ごはんを食《た》べると、頭《あたま》がよくなるって本当《ほんとう》？

朝《あさ》ごはんを毎日《まいにち》ちゃんと、食《た》べていますか？　食《た》べなくても平気《へいき》な人《ひと》がいるかもしれません。だけど、朝《あさ》ごはんは食《た》べたほうがいいのですよ。

ねむっているとき、手《て》や足《あし》はだらーんとして、ぐっすりと休《やす》んでいますね。でも、おなかや頭《あたま》の中《なか》は、はたらいています。おなかの中《なか》では、うんちをつくったり、胃《い》や腸《ちょう》の中《なか》をそうじしたりしています。頭《あたま》の中《なか》では、脳《のう》が昼間《ひるま》に見《み》たり、聞《き》いたりしたことを整理《せいり》して、記録《きろく》しています。ねむっていても、おなかや頭《あたま》が仕事《しごと》をしているのですから、エネルギーもたくさん使《つか》われます。からだのエネルギーのもとは、ごはんです。だけど、ねているあいだは、エネルギーをおぎなうことはできませんよね。だから、朝起《あさお》きたときには、からだの中《なか》のエネルギーは足《た》りなくなっているのです。

目《め》が覚《さ》めたら、元気《げんき》に動《うご》き回《まわ》ったり、いろいろなことを覚《おぼ》えたりしようと、からだはじゅんびをしていたのに、朝《あさ》ごはんを食《た》べないとどうなるでしょうか？　手《て》や足《あし》に力《ちから》が入《はい》らないだけではなく、頭《あたま》も十分《じゅうぶん》に活動《かつどう》できないまま、学校《がっこう》に行《い》くことになってしまいますね。

それでは、先生《せんせい》のお話《はなし》をちゃんと聞《き》いて覚《おぼ》えることができないかもしれません。なんとなく元気《げんき》が出《で》なくて、お友《とも》だちとのおしゃべりや、遊《あそ》ぶのもめんどうな感《かん》じがするかもしれません。

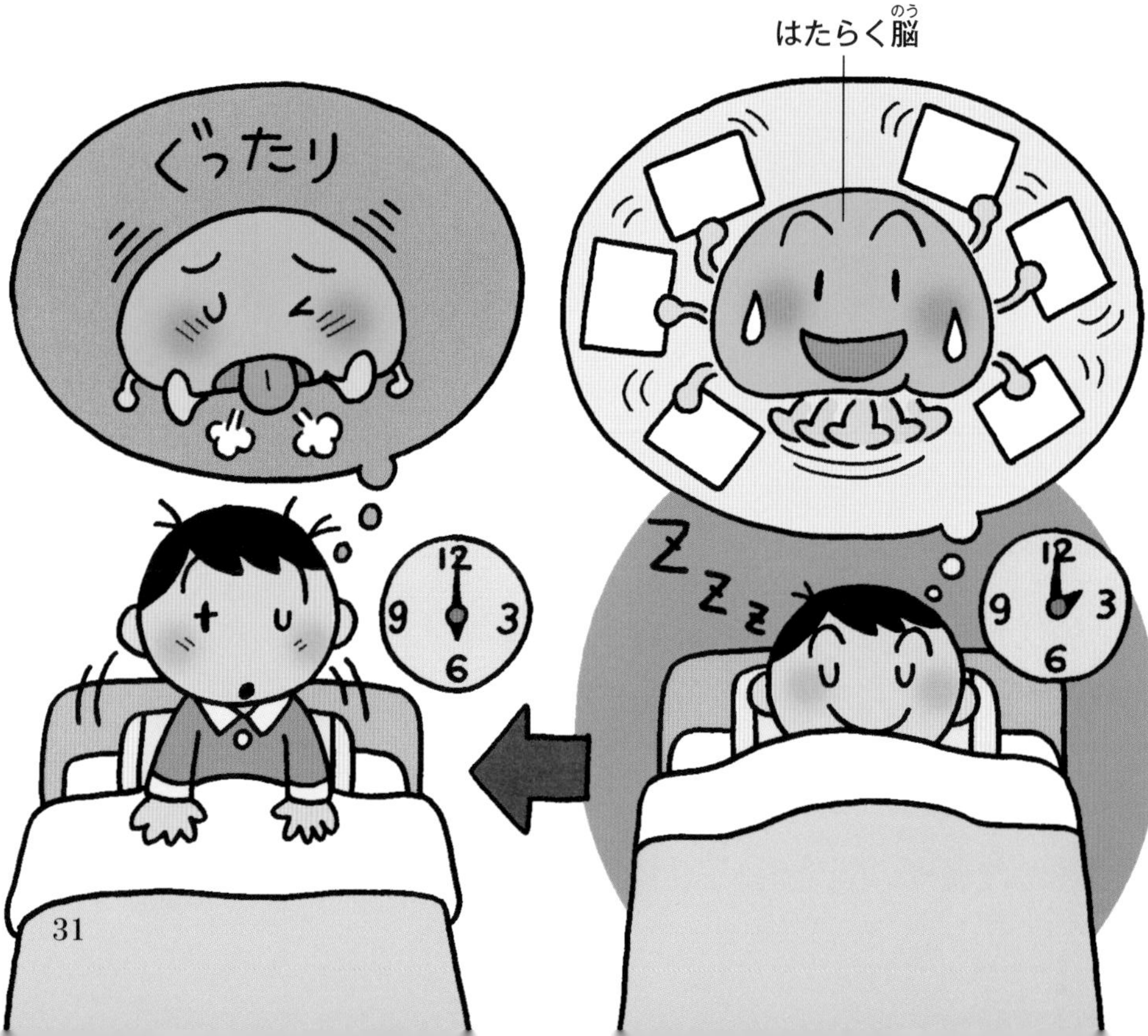

朝《あさ》ごはんをしっかり食《た》べると、記《き》おく力《りょく》や集中力《しゅうちゅうりょく》がつくともいわれています。朝《あさ》ごはんを食《た》べていない人《ひと》は、明日《あす》からちゃんと食《た》べるようにしましょう。きっと、脳《のう》もからだも元気《げんき》になりますよ。

元気《げんき》はつらつ
エネルギー
ぱくぱく
いってきまーす

かみや目《め》やはだの色《いろ》が、いろいろあるのは、どうして？

世界《せかい》には、かみの毛《け》の色《いろ》が金色《きんいろ》や茶色《ちゃいろ》だったり、はだが白《しろ》っぽかったり、黒《くろ》かったり、目《め》の色《いろ》が青色《あおいろ》や茶色《ちゃいろ》だったりする人《ひと》がいます。みんな同《おな》じ人間《にんげん》なのに、ふしぎですね。

かみやはだ、目《め》に色《いろ》をつけているのは、メラニンという黒《くろ》い色《いろ》をした小《ちい》さなつぶです。メラニンがたくさんあると、こい色《いろ》、つまり黒《くろ》い色《いろ》になります。反対《はんたい》にメラニンが少《すく》ないと、黒《くろ》みがうすれてきます。

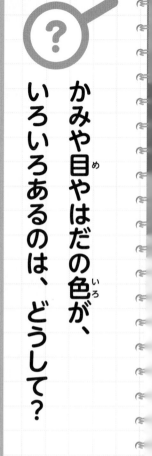

わたしたちが、目《め》の色《いろ》といっているのは、目《め》の中《なか》の「こうさい」という部分《ぶぶん》の色《いろ》です。鏡《かがみ》で自分《じぶん》の目《め》を観察《かんさつ》してみましょう。黒目《くろめ》をよく見《み》ると、真《ま》ん中《なか》に小《ちい》さな黒《くろ》い点《てん》があります。その点《てん》を囲《かこ》むようにして、茶色《ちゃいろ》っぽいところがありますね。ものを見《み》るとき、光《ひかり》は黒《くろ》い点《てん》から目《め》の中《なか》に入《はい》ります。この黒《くろ》い点《てん》の周《まわ》りにあるのがこうさいで、目《め》の中《なか》に、よぶんな光《ひかり》が入《はい》らないようにしています。

こうさいにメラニンがたくさんあるのが、黒《くろ》い目《め》です。メラニンが少《すく》なくなると、こい茶色《ちゃいろ》、茶色《ちゃいろ》、緑色《みどりいろ》、灰色《はいいろ》、青色《あおいろ》、水色《みずいろ》というように、目《め》の色《いろ》がうすくなってきます。

かみの毛《け》やはだの色《いろ》もメラニンの量《りょう》で決《き》まります。でも、どこもいっせいに、同《おな》じようなこさになるわけではありません。だから、かみの毛《け》には、わりとメラニンが多《おお》くて、こい茶色《ちゃいろ》でも、こうさいにはメラニンが少《すく》なくて、目《め》の色《いろ》は青色《あおいろ》ということもあるのです。目《め》の色《いろ》は、よく見《み》るとみんな少《すこ》しずつちがうのですよ。みなさんの目《め》の色《いろ》は、どうでしょうか？

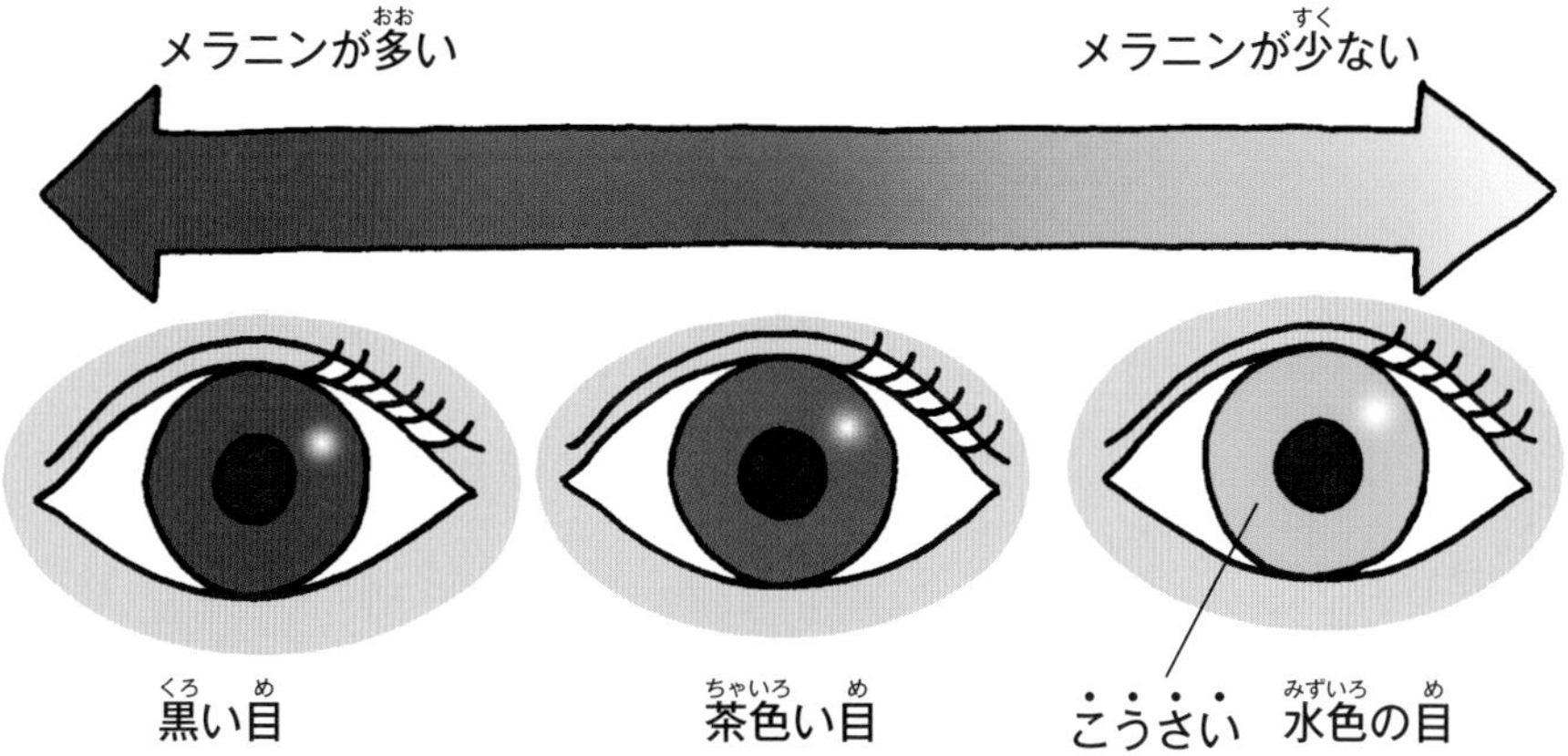

かぜって、なに？

冬《ふゆ》になると、かぜをひく人《ひと》がふえます。かぜのほとんどは、ウイルスというものが原《げん》いんです。ウイルスはとても小《ちい》さくて、空気《くうき》の中《なか》にうかんでいたり、いろいろなものにくっついていたりします。

ウイルスが、わたしたちのからだの中《なか》に入《はい》ってくると、鼻《はな》やのどの細《さい》ぼうでふえて、細《さい》ぼうをこわしてしまいます。

しかし、わたしたちのからだは、外《そと》からあやしいものが入《はい》ってくると、こうげきする力《ちから》をもっています。だから、かぜのウイルスがふえてきたことに気《き》がつくと、すぐにたたかいをはじめます。

からだが、ウイルスとたたかっていると、のどが赤《あか》くはれたり、鼻水《はなみず》が出《で》たり、熱《ねつ》が上《あ》がったりと、いろいろなしょうじょうが出《で》ます。かぜのしょうじょうと

ぱくぱく
ウイルスを
食《た》べてしまう
細《さい》ぼう
ウイルスを
やっつける細《さい》ぼう
かぜを
起《お》こすウイルス

いうのは、からだがウイルスとたたかっているしょうこなのです。

じつは、かぜ薬《ぐすり》のほとんどは、ウイルスをやっつける薬《くすり》ではありません。熱《ねつ》を下《さ》げたり、のどのはれや、鼻水《はなみず》をおさえたりする薬《くすり》です。ウイルスとのたたかいで、からだに出《で》ているしょうじょうを弱《よわ》くしてくれるので、からだが楽《らく》になるのです。

かぜを起《お》こすウイルスには、とてもたくさんの種類《しゅるい》があります。どのウイルスがからだに入《はい》ってきたのか、お医者《いしゃ》さんでもなかなかわかりません。ウイルスの種類《しゅるい》がわからないと、どの薬《くすり》を使《つか》えばいいのか決《き》められないのです。だから、ウイルスへのこうげきは、からだにまかせるほうがいいのです。静《しず》かに休《やす》んで、からだがウイルスをやっつけてくれるのを待《ま》ちましょう。

ただし、からだに入《はい》ってきたのが新型《しんがた》コロナウイルスやインフルエンザウイルスだと、かぜのしょうじょうでおさまらずに、高《たか》い熱《ねつ》が出《で》たり、肺《はい》えんを起《お》こしたりすることがあります。具合《ぐあい》が悪《わる》いなと思《おも》ったら、おうちの人《ひと》にきちんと伝《つた》えましょう。

どうして決《き》まった時間《じかん》に、目《め》が覚《さ》めるの？

「明日《あす》は学校《がっこう》が休《やす》みだから、おそくまで起《お》きていよう」とか、「日曜日《にちようび》だからいっぱいねよう」と思《おも》うことってありますよね？

でも、なかなかうまくいかないものです。どうしても決《き》まった時間《じかん》にねむくなるし、目《め》が覚《さ》めてしまいます。

じつは、わたしたちのからだの中《なか》には、「起《お》きる時間《じかん》だよ」「ねる時《じ》間《かん》だよ」などと、伝《つた》えてくれる時計《とけい》があるのです。この時計《とけい》を「体内時《たいないど》

計《けい》」といいます。もちろん時計《とけい》といっても、みなさんがふだん見《み》ている時計《とけい》とはちがいますよ。体内時計《たいないどけい》は、脳《のう》の中《なか》にあります。左右《さゆう》の目《め》から脳《のう》に向《む》かってのびる神《しん》けいが交差《こうさ》するところの近《ちか》くにあるのです。

地球《ちきゅう》の一日《いちにち》は二十四時間《にじゅうよじかん》ですから、家《いえ》や学校《がっこう》にある時計《とけい》は一日《いちにち》で二十四時間《にじゅうよじかん》進《すす》むようになっています。でも体内時計《たいないどけい》の一日《いちにち》はおよそ二十五時間《にじゅうごじかん》なのです。その理由《りゆう》はわかっていません。

二十四時間《にじゅうよじかん》と二十五時間《にじゅうごじかん》ですから、生活《せいかつ》のなかで使《つか》っている時計《とけい》と体《たい》内時計《ないどけい》とでは、毎日《まいにち》、一時間《いちじかん》ずつ、時《じ》こくがずれていくということになりますよね。昨日《きのう》は朝七時《あさしちじ》に目《め》が覚《さ》めたけれど、今日《きょう》は八時《はちじ》に目《め》が覚《さ》め

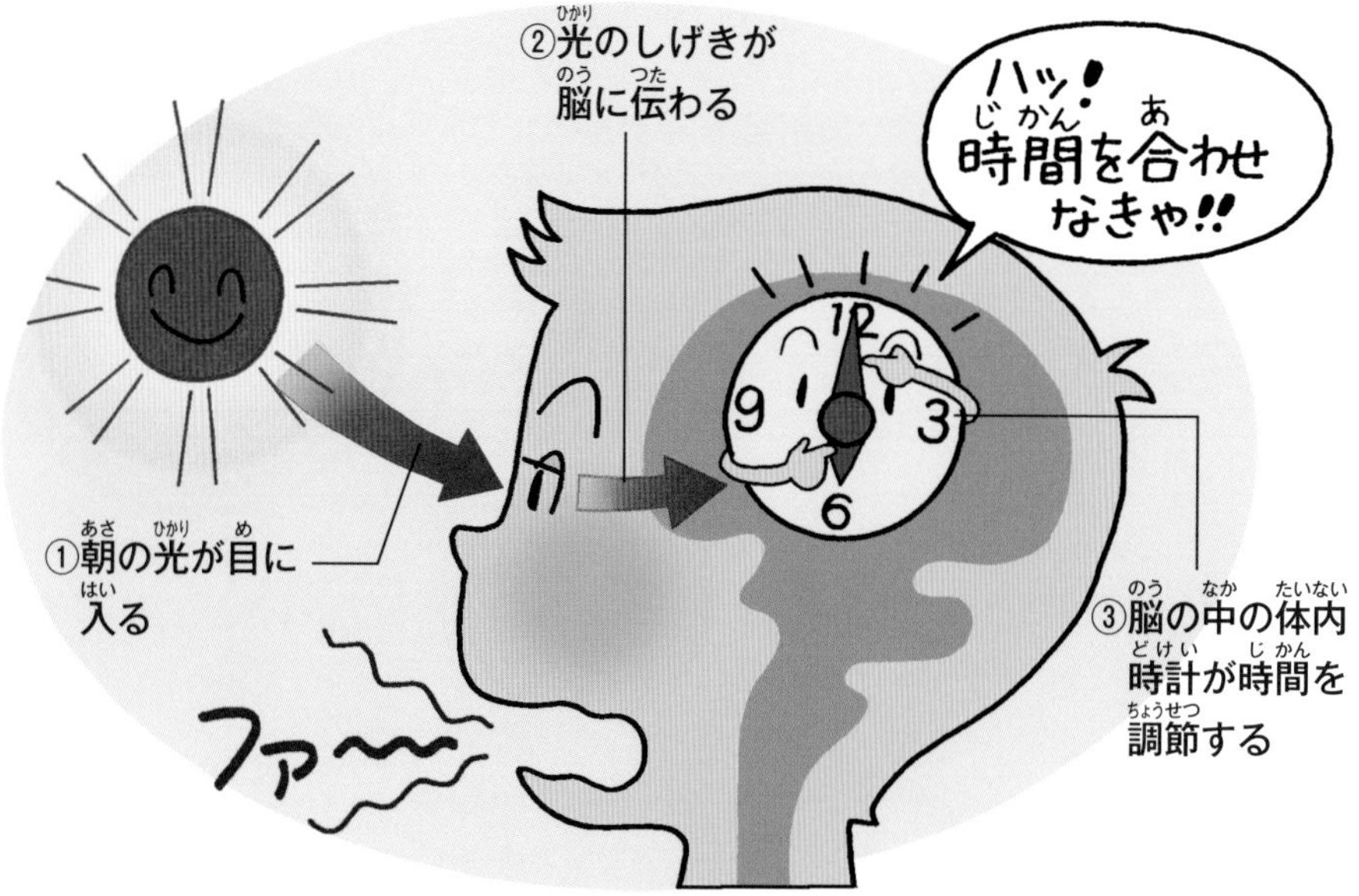
①朝《あさ》の光《ひかり》が目《め》に入《はい》る
②光《ひかり》のしげきが脳《のう》に伝《つた》わる
ハッ！時間《じかん》を合《あ》わせなきゃ!!
③脳《のう》の中《なか》の体内《たいない》時計《どけい》が時間《じかん》を調節《ちょうせつ》する
ファ〜〜

てしまうのではないでしょうか？

でも、そんなことはありませんね。毎日《まいにち》、決《き》まった時間《じかん》に目《め》が覚《さ》めます。だれかが体内時計《たいないどけい》のずれを直《なお》して、生活《せいかつ》で使《つか》う時計《とけい》に合《あ》わせてくれているのでしょうか？

そうなのです。体内時計《たいないどけい》を調節《ちょうせつ》するものは、みなさんの頭《あたま》の上《うえ》にあります。太陽《たいよう》です。朝日《あさひ》を見《み》ると、

「あっ！光《ひかり》だ！」と、体内時計《たいないどけい》が一時間《いちじかん》のずれを調節《ちょうせつ》するのです。

ねむいなあ、まだふとんに入《はい》っていたいなあ、というときも、朝《あさ》になったらカーテンを開《あ》けたり、外《そと》に出《で》たりして、光《ひかり》をいっぱい浴《あ》びましょう。太陽《たいよう》が、からだのリズムを正《ただ》しくしてくれて、気持《きも》ちもからだも、すっきりと一日《いちにち》をはじめられますよ。

どうして、いつも呼吸《こきゅう》をしているの？

遊《あそ》んでいるときも、勉強《べんきょう》しているときも、ねむっているときも、わたしたちは、いつも呼吸《こきゅう》をしています。呼吸《こきゅう》とは、空気《くうき》の中《なか》にある酸素《さんそ》を、からだに取《と》りこんで、二酸化炭素《にさんかたんそ》をからだの外《そと》に出《だ》すことです。

なぜ、酸素《さんそ》をからだの中《なか》に取《と》りこまないといけないのでしょうか？

それは、生《い》き物《もの》は酸素《さんそ》がなければ、生《い》きていくことができないからです。

生《い》きていくには、エネルギーが必要《ひつよう》です。このエネルギーは、栄養素《えいようそ》

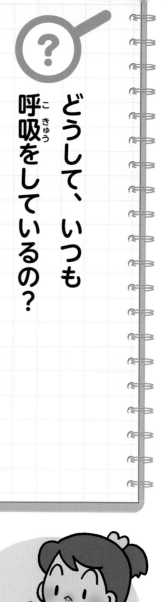

の成分《せいぶん》と酸素《さんそ》が結《むす》びつくときにつくられます。いくらごはんをたくさん食《た》べて栄養素《えいようそ》をふやしても、酸素《さんそ》がなければエネルギーをつくることができないのです。

栄養素《えいようそ》からエネルギーを取《と》り出《だ》すと、二酸化炭素《にさんかたんそ》ができます。二酸化《にさんか》炭素《たんそ》がたまるのは、からだによくありません。息《いき》をはくのは、肺《はい》から二《に》酸化炭素《さんかたんそ》を出《だ》しているのです。

背中《せなか》を丸《まる》めて、勉強《べんきょう》やゲームをしているときは、肺《はい》があまり広《ひろ》がっていないので、空気《くうき》もたくさんは入《はい》ってきていません。すると酸素《さんそ》が足《た》りなくなって、頭《あたま》がうまくはたらかなくなります。

ときどき、立《た》ち上《あ》がって、深《しん》呼吸《こきゅう》をしてみましょう。深呼吸《しんこきゅう》は、おなかをふくらませるような気持《きも》ちで、鼻《はな》から息《いき》をすいます。こうすると、肺《はい》が大《おお》きく広《ひろ》がるので、たくさんの空気《くうき》が入《はい》ってきます。気分《きぶん》がすっきりして、頭《あたま》がよく回《まわ》るようになりますよ。

動物《どうぶつ》のふしぎ

イラスト／菅原紫穂

ネコはどうして、ゴロゴロと音《おと》を出《だ》すの？

ネコをだっこしたり、なでていたりすると、ゴロゴロゴロ……と低《ひく》い音《おと》が聞《き》こえることがありますね。なんの音《おと》でしょうか？

あれは、ネコがのどを鳴《な》らしている音《おと》なのです。のどを鳴《な》らしているときのネコの顔《かお》を見《み》てみましょう。目《め》を細《ほそ》くして、とても気持《きも》ちよさそうじゃないですか？

ネコは、生《う》まれて一週間目《いっしゅうかんめ》くらいから、ゴロゴロと音《おと》を出《だ》します。このころは、まだ、目《め》はうすぼんやりとしか見《み》えないし、音《おと》もよく聞《き》こえません。

そこで、お母《かあ》さんネコは、赤《あか》ちゃんに向《む》かって、のどをゴロゴロと鳴《な》らして、「ミルクを飲《の》んで」と、よびかけます。音《おと》ではなく、ゴロゴロというふるえに気《き》がついた赤《あか》ちゃんは、ミルクをすいはじ

め、「飲《の》んでるよ」と、のどを鳴《な》らします。すると、お母《かあ》さんも「元気《げんき》にミルクを飲《の》んでいるのね」と、安心《あんしん》できるのです。

ネコは成長《せいちょう》したあとも、リラックスしたときに、よくゴロゴロと音《おと》を出《だ》します。ミルクをすっていたときと同《おな》じように、「うれしいよ」と、周《まわ》りに伝《つた》えているのではないかといわれています。

ただし、不満《ふまん》があったり、いらいらしたり、きんちょうしていたりするときにも、のどを鳴《な》らします。不満《ふまん》を伝《つた》えているのかもしれないし、気持《きも》ちを落《お》ち着《つ》かせているのかもしれません。

わたしたちもきんちょうしたときに、深呼吸《しんこきゅう》をして、気持《きも》ちを落《お》ち着《つ》かせますよね。それとにた感《かん》じなのでしょう。

ネコは、ふつうの声《こえ》を出《だ》すのとはちがった方法《ほうほう》で、音《おと》を出《だ》しているようです。どうやってゴロゴロと音《おと》を出《だ》しているのか、じつはまだはっきりとわかっていないのです。

ネコのゴロゴロという音《おと》には、ひみつがいっぱいですね。

ウサギの耳《みみ》が長《なが》いのは、どうして？

手《て》のひらを前《まえ》に向《む》けて、耳《みみ》の後《うし》ろに置《お》いてみましょう。周《まわ》りの音《おと》が、少《すこ》し大《おお》きく聞《き》こえませんか？　手《て》のひらにたくさんの音《おと》が集《あつ》まって耳《みみ》に入《はい》るので、音《おと》が大《おお》きく聞《き》こえるのです。

この手《て》のひらと同《おな》じようにはたらいているのが、ウサギの長《なが》い耳《みみ》です。音《おと》をたくさん集《あつ》めるので、ウサギには、遠《とお》くの音《おと》や小《ちい》さな音《おと》が、よく聞《き》こえます。

ウサギは、肉《にく》を食《た》べる動物《どうぶつ》につかまらないように、いつも気《き》をつけています。だから、てきが近《ちか》よってくるときに出《だ》す、小《ちい》さな音《おと》も聞《き》こえるように、耳《みみ》が長《なが》く大《おお》きくなっているのです。また、耳《みみ》は、よく動《うご》くので、いろいろな方向《ほうこう》の音《おと》が聞《き》き取《と》れます。

ところで、ウサギは、大《おお》きな耳《みみ》を立《た》てて走《はし》ります。耳《みみ》をねかせたほうが、走《はし》りやすいように思《おも》えますよね。どうしてでしょうか。

ウサギの耳《みみ》には、からだの熱《ねつ》を冷《さ》ますという役目《やくめ》もあるのです。わたしたちは、暑《あつ》くなるとあせをかきますが、ウサギのからだには、あせを出《だ》すあなが少《すく》ないのです。あせをかけないと、どんどんからだが熱《あつ》くなり、調子《ちょうし》が悪《わる》くなってしまいます。

ウサギの耳《みみ》には、たくさんの血管《けっかん》が通《とお》っています。耳《みみ》を立《た》てて走《はし》ると、血管《かん》に風《かぜ》が当《あ》たるので、中《なか》の血《けつ》えきが冷《ひ》えます。冷《ひ》えた血《けつ》えきが、耳《みみ》からからだに回《まわ》ると、全身《ぜんしん》の温度《おんど》が下《さ》がります。おかげでウサギは、暑《あつ》いときでも元気《げんき》に、ピョンピョンと走《はし》り続《つづ》けることができるのです。

アザラシとアシカって、どうちがうの？

遠《とお》い北《きた》の海《うみ》にすんでいるアザラシが、たまに日本《にほん》の海《うみ》や川《かわ》にやってきて、ニュースになることがありますね。また、水族館《すいぞくかん》では、アシカが楽《たの》しいショーを見《み》せてくれます。ところで、アザラシとアシカ、どこがちがうか、知《し》っていますか？

アシカの前足《まえあし》は、ボートをこぐオールのようになっています。後《うし》ろ足《あし》は、魚《さかな》のひれを大《おお》きくしたかたちで、前《まえ》を向《む》いています。

アザラシの前足《まえあし》は、小《ちい》さくなっています。後《うし》ろ足《あし》は、ひれのようなかたちになって、後《うし》ろ向《む》きについています。

アシカは陸上《りくじょう》では、前足《まえあし》でからだを起《お》こして、後《うし》ろ足《あし》で歩《ある》くことができます。でも、アザラシは、はらばいでしか進《すす》めません。また、アシカには耳《みみ》たぶがありますが、アザラシ

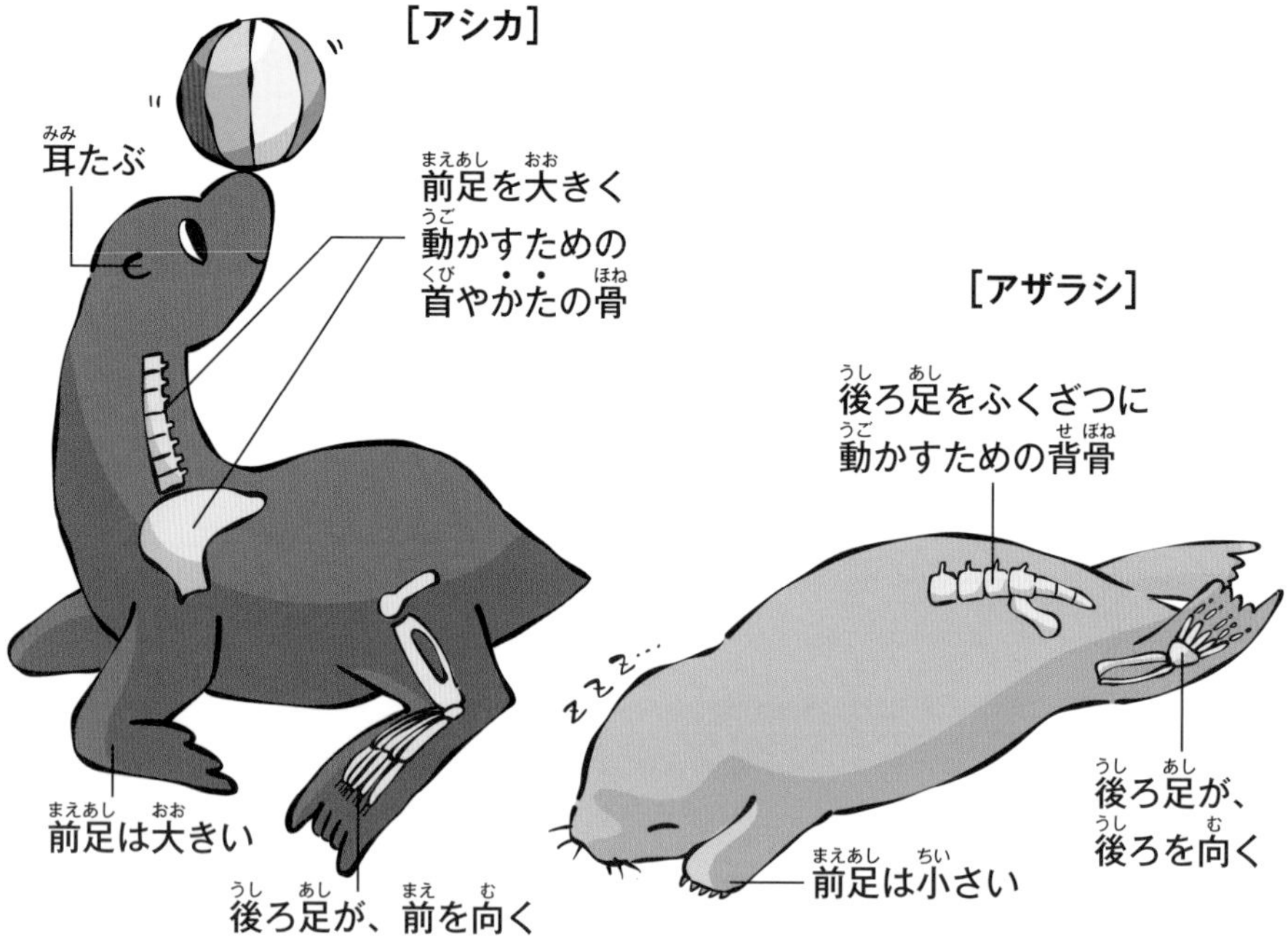

[アシカ]
耳《みみ》たぶ
前足《まえあし》を大《おお》きく
動《うご》かすための
首《くび》やかたの骨《ほね》
前足《まえあし》は大《おお》きい
後《うし》ろ足《あし》が、前《まえ》を向《む》く
[アザラシ]
後《うし》ろ足《あし》をふくざつに
動《うご》かすための背骨《せぼね》
Z Z Z...
後《うし》ろ足《あし》が、
後《うし》ろを向《む》く
前足《まえあし》は小《ちい》さい

にはありません。

アシカもアザラシも、その先《せん》はイヌやネコの仲間《なかま》です。海《うみ》で魚《さかな》をつかまえる生活《せいかつ》に適応《てきおう》して、今《いま》のように、歩《ある》くよりも泳《およ》ぐことに向《む》いている、からだに変化《へんか》しました。アザラシのほうが、アシカよりも、もっと水中《すいちゅう》で生活《せいかつ》しやすいスタイルになっています。

からだを起《お》こして歩《ある》いていたら、アシカ。はらばいになっていたら、アザラシと覚《おぼ》えましょう。これで、テレビや水族館《すいぞくかん》で見《み》たときにも、まちがえることはありませんね。それから、やはり水族館《すいぞくかん》で人気者《にんきもの》のオットセイは、アシカの仲間《なかま》ですよ。

ハムスターは、どうして口《くち》いっぱいにえさを入《い》れるの？

ハムスターにえさをやると、小《ちい》さな前足《まえあし》で、ぐいぐいと口《くち》に入《い》れますね。口《くち》の中《なか》は、えさでいっぱい。ほおがぷくーっとふくらんで、顔《かお》が二《に》倍《ばい》くらいの大《おお》きさになっています。

どうして口《くち》の中《なか》に、あんなにたくさん、えさが入《はい》るのでしょうか？

ハムスターは、口《くち》の中《なか》に、ほおぶくろというポケットをもっています。ほおの内側《うちがわ》からかたまでのびている、長《なが》いポケットです。このポケットに、えさをおしこんでいるのです。

ほおぶくろは、やわらかい皮《ひ》ふでできていて、ぐいーんとのびます。えさをつめこむと、ほおぶくろはどんどんのびるので、ハムスターの顔《かお》は風船《ふうせん》のようにふくらむのです。

つめこんだえさは、巣《す》に運《はこ》びます。口《くち》から出《だ》して、巣《す》の中《なか》にためていきます。えさ箱《ばこ》が空《から》っぽだったら、巣《す》の中《なか》を見《み》て

みましょう。えさがたくさんあったでしょう？　どうして、えさ箱《ばこ》のところで食《た》べずに、巣《す》の中《なか》に運《はこ》ぶのでしょう？

野生《やせい》のハムスターは、雨《あめ》が少《すく》なく、かんそうした所《ところ》で、地面《じめん》にあなをほってすんでいます。野生《やせい》のハムスターの食《た》べ物《もの》は、草《くさ》の葉《は》や実《み》です。雨《あめ》が少《すく》ない所《ところ》は、草《くさ》があまり生《は》えないので、食《た》べ物《もの》を見《み》つけるのにひと苦労《くろう》です。だから、もし食《た》べ物《もの》がたくさん見《み》つかったら、ほおぶくろに入《い》れて、巣《す》の中《なか》に運《はこ》んでためておきます。食《た》べ物《もの》が見《み》つからない日《ひ》は、ためておいた葉《は》や実《み》を食《た》べてすごします。

ふだんは小《ちい》さくなっていて、じゃまにならないけれど、必要《ひつよう》なときは一度《いちど》にたくさんの食《た》べ物《もの》を運《はこ》べるなんて、ほおぶくろは、ハムスターのエコバッグなんですね。

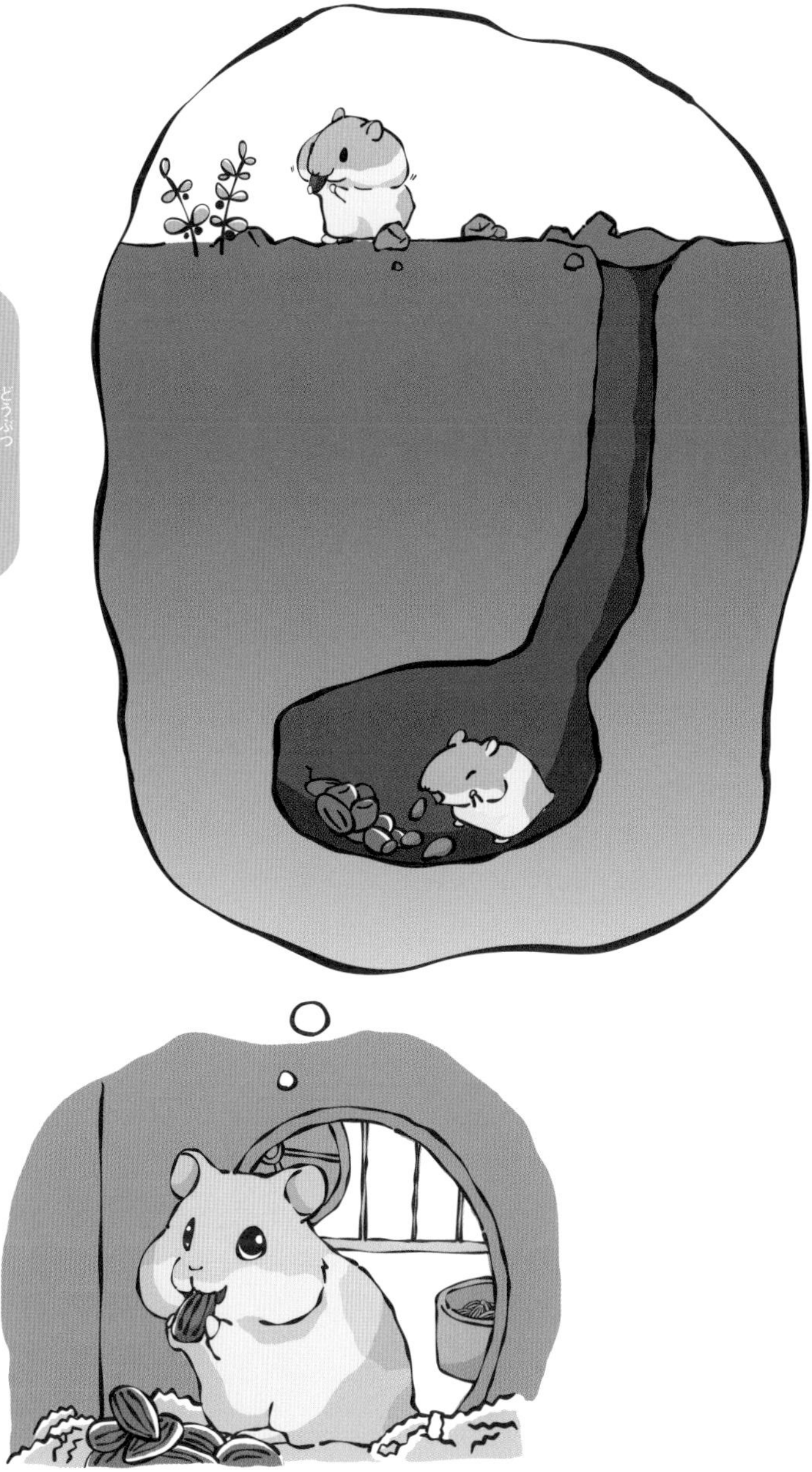

シカの角《つの》は、つめみたいにずっとのびるの？

シカの角《つの》って、かっこいいですね。大人《おとな》のシカなら、大《おお》きな角《つの》が木《き》のように、えだ分《わ》かれしています。シカで角《つの》があるのは、オスだけです。でも、ずっと角《つの》が生《は》えているわけではありません。角《つの》は、冬《ふゆ》の終《お》わりから春《はる》の初《はじ》めに、ぬけてしまうのです。どんな大《おお》きい角《つの》でも、全部《ぜんぶ》ぬけます。なんだかもったいないですね。

古《ふる》い角《つの》がぬけると、新《あたら》しい角《つの》が生《は》えてきます。頭《あたま》の皮《ひ》ふが成長《せいちょう》して、

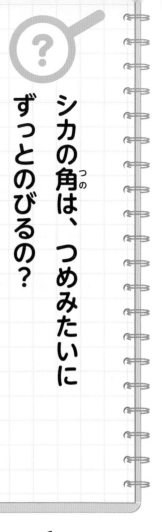

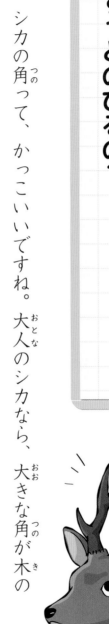

その内側《うちがわ》に角《つの》がつくられるのです。角《つの》は骨《ほね》と同《おな》じ成分《せいぶん》で、皮《ひ》ふの成長《せいちょう》とともにのびていきます。十分《じゅうぶん》に大《おお》きくなると、角《つの》の根元《ねもと》で、皮《ひ》ふの血管《けっかん》が切《き》れます。すると、皮《ひ》ふは栄養分《えいようぶん》を受《う》け取《と》れなくなって、角《つの》からはがれ落《お》ちてしまいます。

皮《ひ》ふがはがれると、中《なか》の角《つの》がむき出《だ》しになります。皮《ひ》ふがないと栄養分《えいようぶん》を

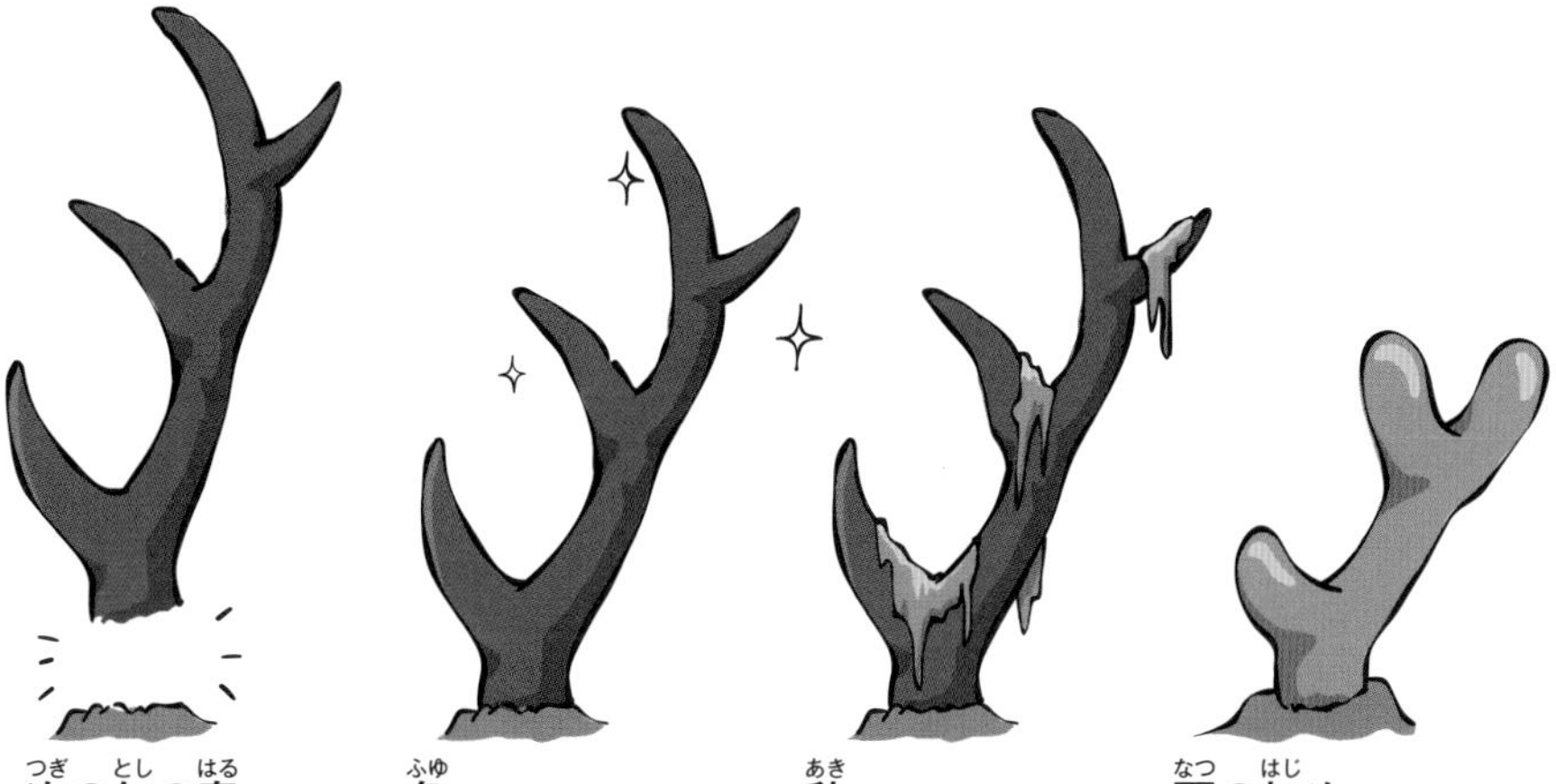

夏《なつ》の初《はじ》め。角《つの》の周《まわ》りは皮《ひ》ふがある

秋《あき》。皮《ひ》ふがはがれてくる

冬《ふゆ》。かたい角《つの》の完成《かんせい》

次《つぎ》の年《とし》の春《はる》。角《つの》はぬけてしまう

もらえないため、角《つの》はからからにかわいて、かたくなります。かっこいいシカの角《つの》の完成《かんせい》です。

ところで、トナカイはシカの仲間《なかま》ですが、メスにも角《つの》があります。メスの角《つの》はオスより少《すこ》し小《ちい》さいですが、りっぱな角《つの》です。

オスとメスは、角《つの》がぬける季節《きせつ》がちがいます。オスは冬《ふゆ》の初《はじ》めに角《つの》がぬけ、メスは春《はる》の終《お》わりにぬけます。ということは、クリスマスの季節《きせつ》にりっぱな角《つの》をもっているトナカイは、メスですね。サンタさんのそりを引《ひ》っぱっているのは、メスのトナカイなのですよ！

ニワトリは、どうして毎日《まいにち》のように、たまごを産《う》むの？

目玉焼《めだまや》きやオムレツ、スクランブルエッグ。

お料理《りょうり》にたまごを使《つか》うことって、とても多《おお》いですよね。たまごはニワトリが産《う》んでいます。ほとんど毎日《まいにち》、産《う》んでくれます。どうしてニワトリは、そんなにたくさん、たまごを産《う》むのでしょうか？

ニワトリは、もともと、たまごをたくさん産《う》む鳥《とり》です。ニワトリのお母《かあ》さんは、一日《いちにち》に一《いっ》こずつたまごを産《う》んで、十《じっ》こくらいになると、まと

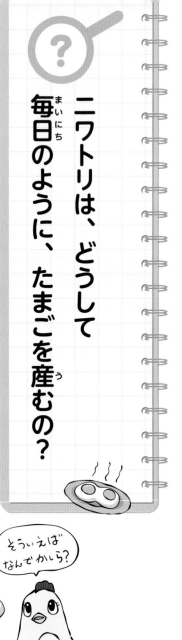

めてたまごを温《あたた》めはじめます。たまごからヒヨコがかえると、ヒヨコの世話《せわ》をします。たまごを温《あたた》めて、ヒヨコの世話《せわ》をしているあいだは、次《つぎ》のたまごを産《う》みません。

でも、もしも、たまごがだれかにぬすまれたりしてへってしまうと、また新《あたら》しくたまごを産《う》みます。ニワトリをかっている人《ひと》は、毎日《まいにち》、ニワトリが産《う》

あら？
きのう産《う》んだのに
どうしたのかしら？

んだたまごを集《あつ》めます。たまごがなくなるので、次《つぎ》の日《ひ》、ニワトリは、また新《あたら》しいたまごを産《う》みます。これがずっと続《つづ》きます。

ニワトリは、「あら？　たまごがないわ」と、かんちがいしたままなのです。少《すこ》しかわいそうですね。でも、そのおかげで、わたしたちは、おいしくて栄養《えいよう》いっぱいのたまごを、たくさん食《た》べることができるのです。一羽《いちわ》のニワトリは、一年《いちねん》間《かん》に三百《さんびゃく》こ近《ちか》いたまごを産《う》むこともありますよ。

鳥《とり》も、好《す》きな子《こ》にプレゼントをおくるって本当《ほんとう》？

今《いま》、好《す》きな子《こ》はいますか？

たん生日《じょうび》やクリスマスに、プレゼントをおくったりしましたか？　好《す》きな子《こ》にプレゼントをおくるのは、わたしたちだけではありません。鳥《とり》の仲間《なかま》にもプレゼントをおくるものがいます。

川《かわ》や池《いけ》などの水辺《みずべ》にすんでいるカワセミは、羽《はね》が青《あお》くかがやく、きれいな鳥《とり》です。カワセミのオスは、気《き》に入《い》ったメスを見《み》つけると、魚《さかな》をつかまえてきます。そして、「どうぞ」と差《さ》し出《だ》します。メスがプレゼントを受《う》け取《と》ってくれたら、結《けっ》こんできます。受《う》け取《と》ってくれなければ、プロポーズは失敗《しっぱい》です。メスが気《き》に入《い》ってくれるような、大《おお》きくて、新《しん》せんで、おいしそうな魚《さかな》をもってこなければなりません。

カワセミのほか、コアジサシ、モズ、チョウゲンボウなどの鳥《とり》のオスが、メスにプレゼントをおくっていますよ。

よーし、さっそくぼくも、気《き》になっている子《こ》にプレゼントをしよう！　おこづかいをもらってこなくちゃ！　だめだめ。それはちがいます。プレゼントは自分《じぶん》の力《ちから》で用意《ようい》するものですよ。

よい魚《さかな》をとってくるオスは、魚《さかな》とりが上手《じょうず》なのです。魚《さかな》とりが下手《へた》なオスでは、子《こ》どもたちを育《そだ》てるために、たくさん魚《さかな》をとってきてくれません。メスは、子育《こそだ》てのために、魚《さかな》とりが上手《じょうず》なオスを選《えら》んでいるのです。

ところで、プロポーズのために魚《さかな》ではなくて、たから物《もの》を集《あつ》めてくる鳥《とり》もいます。オーストラリアにすんでいるアオアズマヤドリという鳥《とり》は、木《き》のえだを使《つか》って、小屋《こや》のようなものをつくります。そして、小屋《こや》の周《まわ》りを青《あお》い物《もの》でかざって、メスをよぶのです。もし、メスがかざりを気《き》に入《い》ってくれれば、結《けっ》こんできます。かざる物《もの》は、石《いし》、花《はな》びら、鳥《とり》の羽《は》根《ね》、人間《にんげん》がすてたゴミ、なんでもいいのですが、青色《あおいろ》の物《もの》がほとんどです。アオアズマヤドリのメスには、青《あお》い石《いし》や花《はな》が、ほう石《せき》のようにキラキラとかがやいて見《み》えているのでしょうね。

カメレオンは、どうやってからだの色《いろ》を変《か》えるの？

カメレオンって、知《し》っていますか？トカゲの仲間《なかま》で、主《おも》にアフリカにすんでいます。ペットにしている人《ひと》もいます。

カメレオンには、すごいのう力《りょく》があります。からだの色《いろ》を変《か》えることができるのです。でも、カメレオンが「今日《きょう》は天気《てんき》がよいから、明《あか》るい色《いろ》でいこう！」と考《かんが》えて、色《いろ》を変《か》えているわけではないのです。

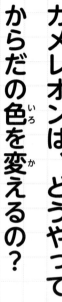

カメレオンは、明《あか》るい所《ところ》にいると明《あか》るい色《いろ》、暗《くら》い所《ところ》にいると暗《くら》い色《いろ》と、自動的《じどうてき》に色《いろ》が変《か》わるのです。

色《いろ》が変《か》わるのは、皮《ひ》ふの中《なか》に「色素《しきそ》」をもった細《さい》ぼうと、とう明《めい》な結《けっ》しょうが入《はい》った細《さい》ぼうがあるからです。色素《しきそ》と結《けっ》しょうが集《あつ》まったり、広《ひろ》がったりすることで、皮《ひ》ふの色《いろ》が変《か》わると考《かんが》えられています。

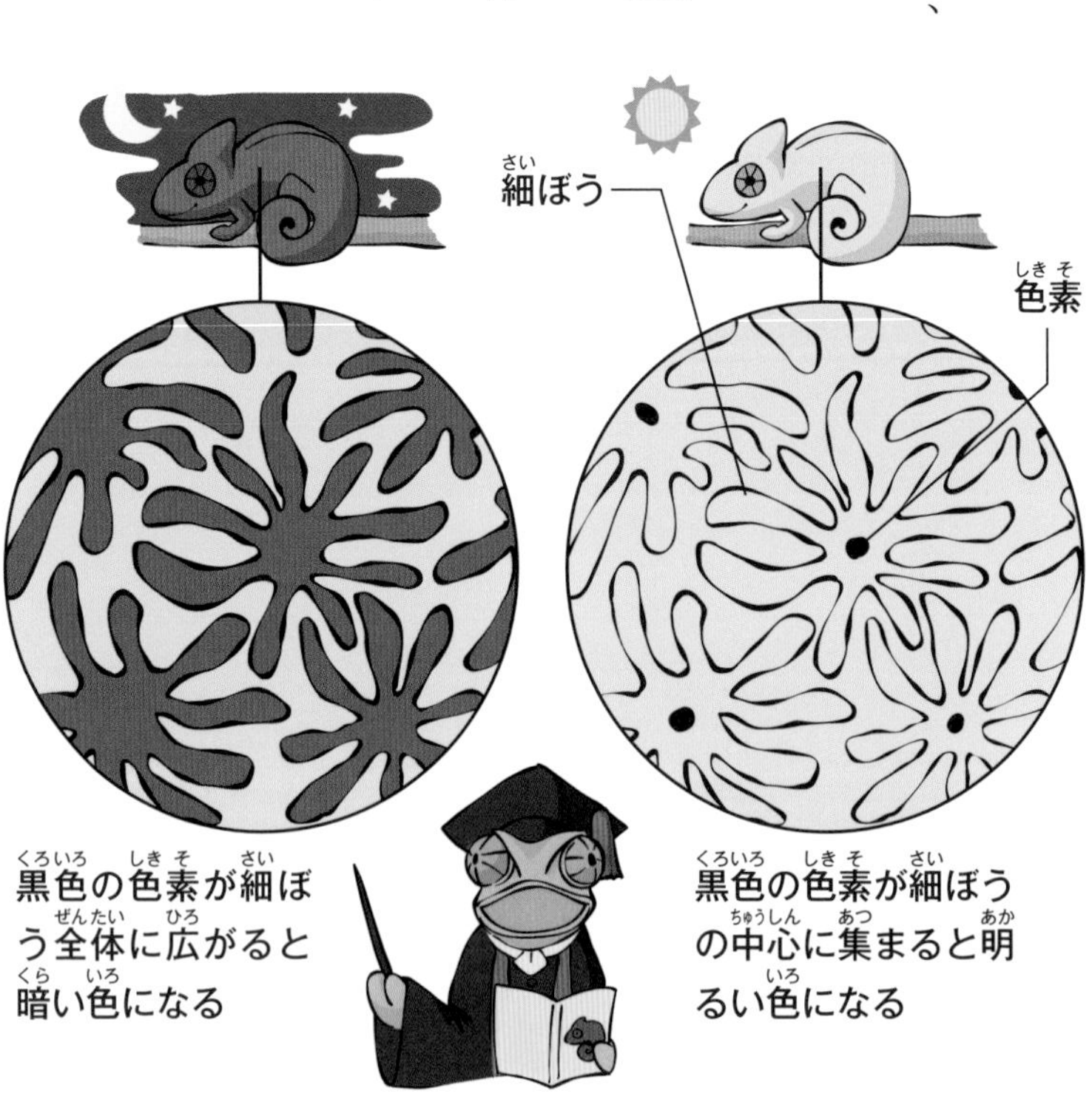
細《さい》ぼう
色素《しきそ》
黒色《くろいろ》の色素《しきそ》が細《さい》ぼう全体《ぜんたい》に広《ひろ》がると暗《くら》い色《いろ》になる
黒色《くろいろ》の色素《しきそ》が細《さい》ぼうの中心《ちゅうしん》に集《あつ》まると明《あか》るい色《いろ》になる

カメレオンは木《き》の上《うえ》でくらしていま
す。動《うご》きが速《はや》くないので、てきに見《み》つ
かっても、すぐにはにげられません。で
も、木《き》の上《うえ》は日《ひ》がよく当《あ》たって明《あか》るい
ので、カメレオンのからだも明《あか》るい黄《き》
緑色《みどりいろ》になります。木《き》の葉《は》と同《おな》じような
色《いろ》なので、てきに見《み》つかりにくくて、
ちょうどよいですね。

カメレオンのからだの色《いろ》は、からだ

のじょうたいや気持《きも》ちとも関係《かんけい》していま す。元気《げんき》いっぱいだと明《あか》るい色《いろ》、具合《ぐあい》が 悪《わる》いと暗《くら》い色《いろ》になります。おこったり、 こわいことがあったりしても、色《いろ》が変《か》わ ります。オスのカメレオンがけんかをす ると、けんかをしながら、いろいろな色《いろ》 に変《か》わることがあります。けんかに負《ま》け たカメレオンは暗《くら》い色《いろ》になって、にげて しまうのだそうです。おもしろいですね。

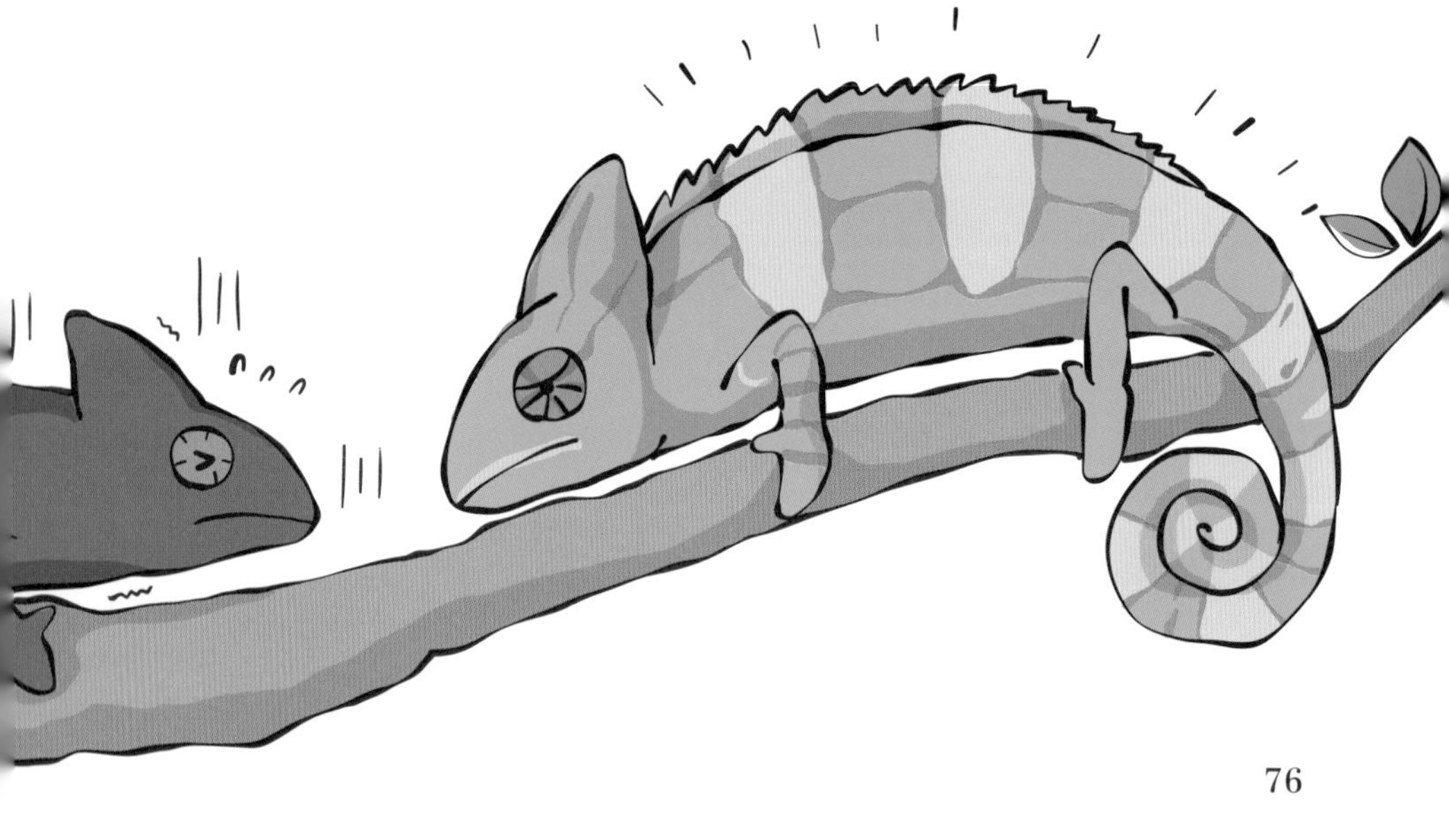

魚《さかな》は、夜《よる》でもねむらないの？

イヌやネコは、ごろんと横《よこ》になってねていますよね。じゃあ、金魚《きんぎょ》はどうでしょうか？　目《め》をとじて、ねころんでいる金魚《きんぎょ》って、見《み》たことがないですよね。魚《さかな》って、ねむらないのでしょうか？

いいえ、もちろん魚《さかな》もねむります。ただし、魚《さかな》にはまぶたがないのです。魚《さかな》は、目《め》をとじることができません。だから、目《め》を見《み》ても、ねているかどうか、わからないのです。

石《いし》や水草《みずくさ》のかげで、じっと動《うご》かないでいる魚《さかな》は、からだを休《やす》めてねています。金魚《きんぎょ》をかっていたら、夜《よる》のおそい時間《じかん》に、そっと見《み》てみましょう。金魚《きんぎょ》も泳《およ》がずに、静《しず》かにしていますよ。

ただ、じーっとしているだけではなく、しっかりとねむる魚《さかな》もいます。川《かわ》にすむブラックゴーストという魚《さかな》は、川床《かわどこ》にごろんと横《よこ》たわってねむります。

海《うみ》にすんでいるアミメハギというカワハギの仲間《なかま》は、ねているあいだに流《なが》されないように、海《かい》そうをしっかりと口《くち》でくわえてねむります。キュウセンなど細長《ほそなが》いからだのベラの仲間《なかま》やアナゴは、すなにもぐってねます。ねているあいだに、てきにおそわれないので、安心《あんしん》です。

あたたかい海《うみ》にすむブダイは、自分《じぶん》でつくったねぶくろの中《なか》でねます。夜《よる》になると、口《くち》やえらから、ねばねばするえきを出《だ》して、ねぶくろのようなまくをつくり、からだを包《つつ》むのです。このまくの中《なか》に入《はい》っていると、てきにおそわれにくいと考《かんが》えられています。

ところで、マグロやカツオは、止《と》まることなく、泳《およ》ぎ続《つづ》ける魚《さかな》です。

ふつうの魚《さかな》は、えらと口《くち》をぱくぱく動《うご》かして、酸素《さんそ》をふくんだ水《みず》をえらに送《おく》ることで呼吸《こきゅう》しています。けれどもマグロやカツオは、えらをあまり動《うご》かせません。そこで口《くち》をあけたままいきおいよく泳《およ》ぐことで、水《みず》を口《くち》からえらに送《おく》っているのです。だからマグロやカツオは、泳《およ》いでいないと呼吸《こきゅう》ができないのです。

いつも泳《およ》いでいるということは、ねむ

海《うみ》の中《なか》
[マグロ・カツオ]
ずっと泳《およ》ぎ続《つづ》けるが、夜《よる》はスピードがおそくなる
Z
Z
Z
[ブダイ]
口《くち》から出《だ》したねばねばした、えき体《たい》で、からだを包《つつ》む
[キュウセン] ベラの仲間《なかま》。すなにすっぽりともぐりこむ
Z
Z

ることはないのでしょうか？　いいえ、マグロもカツオも夜《よる》になるとゆっくりと泳《およ》いでいる様子《ようす》が観察《かんさつ》されています。ゆっくり泳《およ》ぐことはからだを休《やす》めることになり、それがマグロとカツオのすいみんだと考《かんが》えられています。

　みなさんは、どんなふうにねていますか？　ねむれないときには、魚《さかな》のねむり方《かた》を思《おも》い出《だ》してみてくださいね。

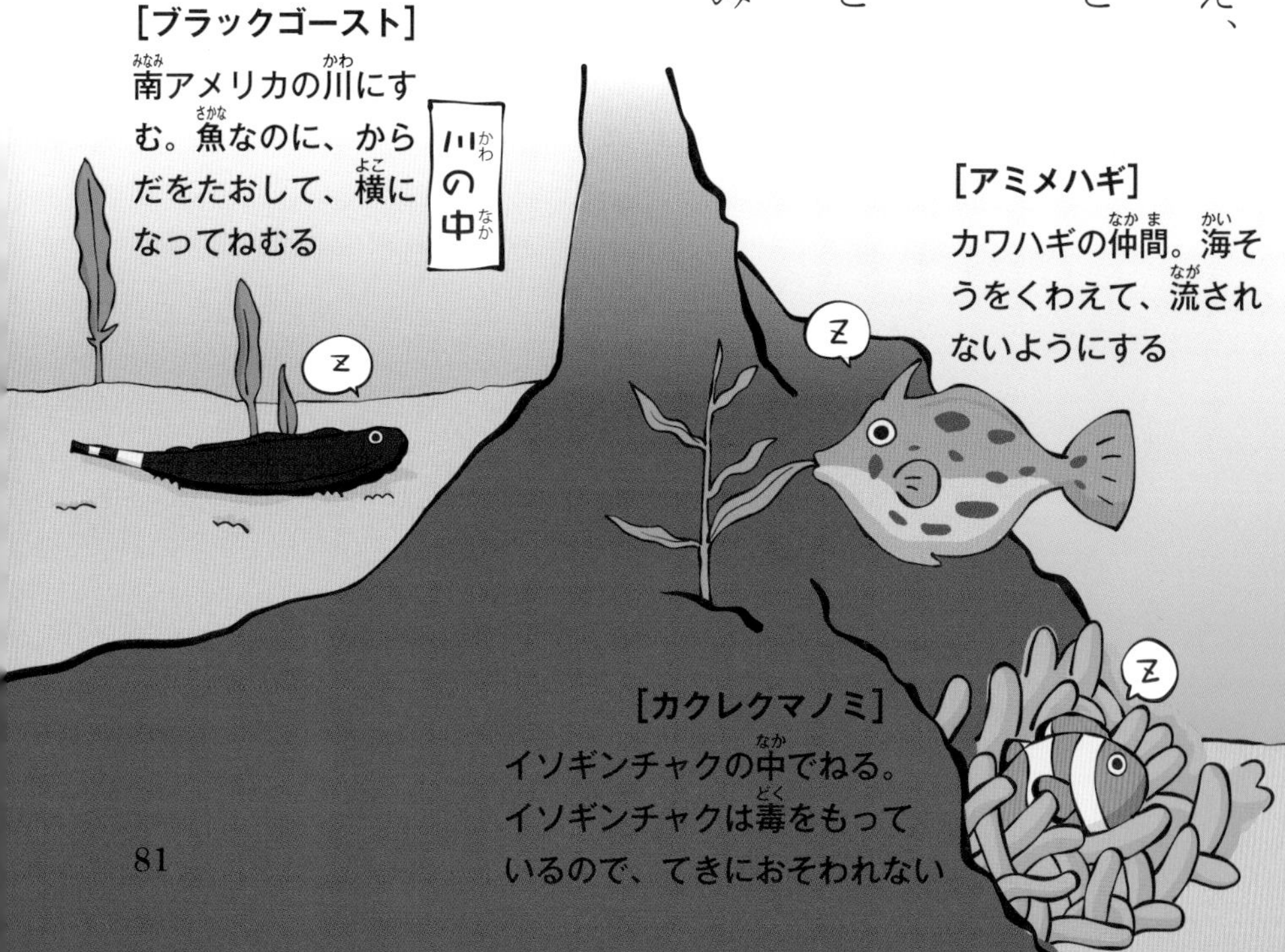
[ブラックゴースト]
南《みなみ》アメリカの川《かわ》にすむ。魚《さかな》なのに、からだをたおして、横《よこ》になってねむる
川《かわ》の中《なか》
Z
[アミメハギ]
カワハギの仲間《なかま》。海《かい》そうをくわえて、流《なが》されないようにする
Z
[カクレクマノミ]
イソギンチャクの中《なか》でねる。イソギンチャクは毒《どく》をもっているので、てきにおそわれない
Z

南極《なんきょく》や北極《ほっきょく》の魚《さかな》は、なぜこおらないの？

氷《こおり》がいっぱいの北極《ほっきょく》と南極《なんきょく》。海《うみ》の水《みず》もとても冷《つめ》たくて、だいたいマイナス二度《にど》からマイナス三度《さんど》です。でも、北極《ほっきょく》にも南極《なんきょく》にも魚《さかな》がいます。日本《にほん》の周《まわ》りの海《うみ》にいる魚《さかな》は、だいたいマイナス〇《れいてん》・八度《はちど》でこおります。なぜ、北極《ほっきょく》や南極《なんきょく》の魚《さかな》は、こおらないのでしょうか？

生《い》き物《もの》のからだは、細《さい》ぼうという小《ちい》さなブロックが集《あつ》まってできています。細《さい》ぼうの中《なか》には、水《みず》が入《はい》っています。からだが冷《ひ》えると、細《さい》ぼうの中《なか》の水《みず》がこおって、とても小《ちい》さな氷《こおり》のつぶができます。氷《こおり》のつぶは、おたがいにくっつき合《あ》って、あっという間《ま》に大《おお》きくなります。大《おお》きくなった氷《こおり》のつぶは、細《さい》ぼうをこわしてしまいます。そのままにしておけば、からだ全体《ぜんたい》の細《さい》ぼうが、氷《こおり》でこわれて、生《い》き物《もの》は死《し》んでしまいます。

でも、北極《ほっきょく》や南極《なんきょく》の魚《さかな》は、細《さい》ぼうの中《なか》に「不凍《ふとう》たんぱくしつ」をもっています。これは、からだがこおらないようにはたらく特別《とくべつ》な物質《ぶっしつ》です。

細《さい》ぼうの中《なか》に氷《こおり》のつぶができると、不凍《ふとう》たんぱくしつがやってきて、つぶの表面《ひょうめん》にくっつきます。不凍《ふとう》たんぱくしつに囲《かこ》まれた氷《こおり》のつぶは、おたがいにくっつくことができません。氷《こおり》のつぶが大《おお》きくならないから、細《さい》ぼうが氷《こおり》でこわれることがないのです。つまり、不凍《ふとう》たんぱくしつは、氷《こおり》のつぶを成長《せいちょう》させないようにして、からだを守《まも》っているのです。

不凍《ふとう》たんぱくしつを、わたしたちの生《せい》活《かつ》にも役立《やくだ》てようという研究《けんきゅう》が進《すす》められています。たとえば、食《た》べ物《もの》のほぞんです。遠《とお》い海《うみ》でとった魚《さかな》は、くさらないように冷凍庫《れいとうこ》でこおらせないと、持《も》ち帰《かえ》れ

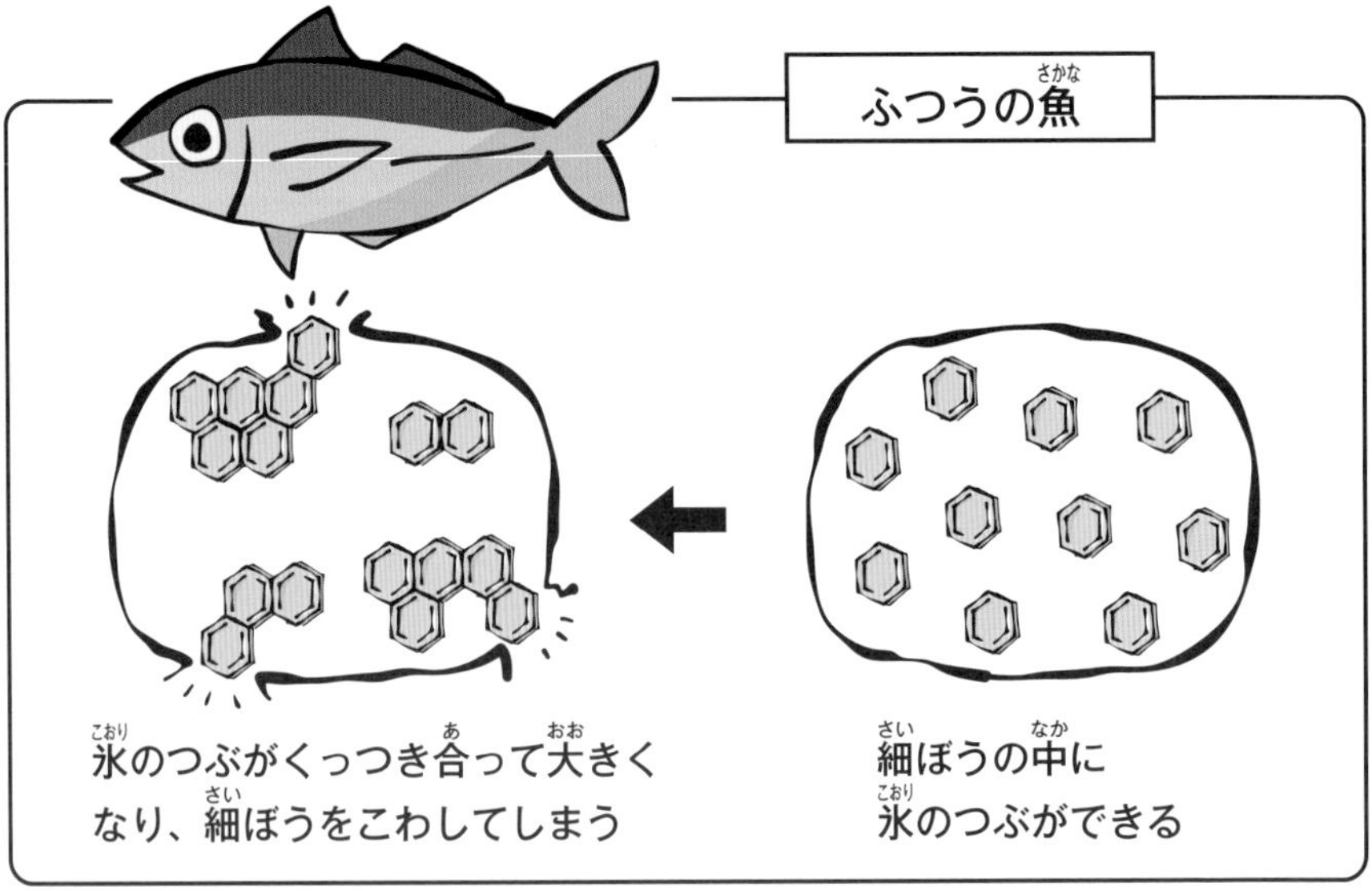

ません。そのときに、不凍《ふとう》たんぱくしつを使《つか》えば、くさらないように魚《さかな》を冷《ひ》やしても、細《さい》ぼうをこわさないでほぞんできるかもしれません。そうすれば、新《しん》せんでおいしいまま、魚《さかな》を持《も》ち帰《かえ》ることができます。

このほかにも、不凍《ふとう》たんぱくしつを使《つか》ったら、いろいろなことができそうです。みなさんも考《かんが》えてみてください。

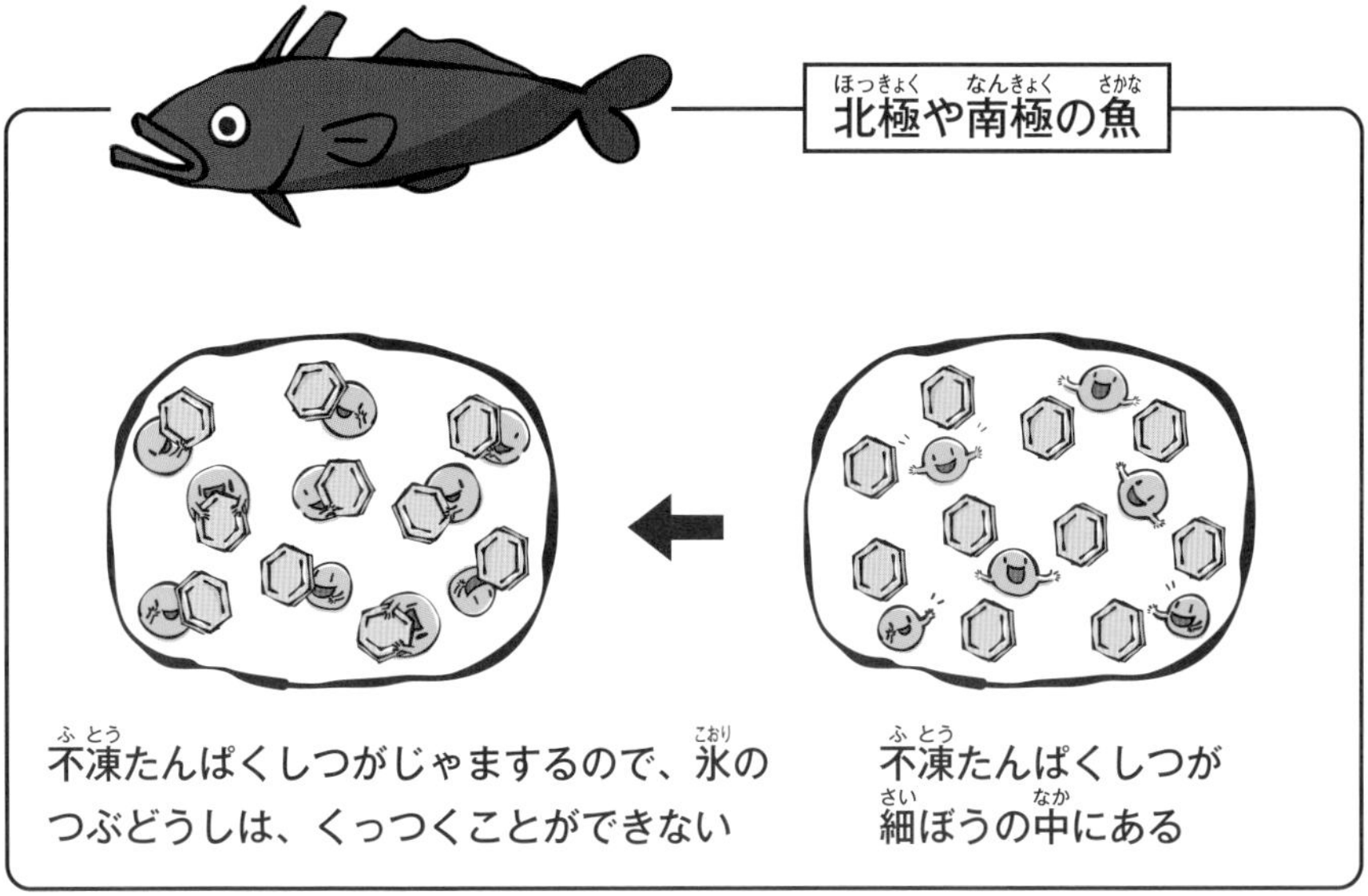
北極《ほっきょく》や南極《なんきょく》の魚《さかな》
不凍《ふとう》たんぱくしつが
細《さい》ぼうの中《なか》にある
不凍《ふとう》たんぱくしつがじゃまするので、氷《こおり》の
つぶどうしは、くっつくことができない

ミミズは、なにを食《た》べているの？

花《か》だんなどで、ミミズを見《み》つけることがありますね。うねうねしていて、ちょっとおどろいてしまいますね。だけど、ミミズをきらわないでください。

ミミズは、ふ葉土《ようど》という、落《お》ち葉《ば》やかれえだなどがくだけてまざった土《つち》を食《た》べます。一日《いちにち》に自分《じぶん》の体重《たいじゅう》と同《おな》じくらいのふ葉土《ようど》を食《た》べるのです。

みなさんは、ミミズのうんちを見《み》たことはありますか？　土《つち》のような

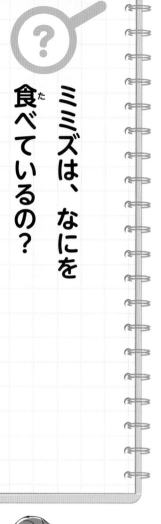

小《ちい》さなつぶつぶが一《いっ》か所《しょ》にたまっていたら、それがミミズのうんちです。ミミズは土《つち》の中《なか》でくらしていますが、うんちは地面《じめん》の上《うえ》におし出《だ》すのです。

ミミズのうんちには、栄養分《えいようぶん》がたくさんつまっていて、とてもよいひ料《りょう》になります。

それから、ミミズはふ葉土《ようど》を食《た》べながら、トンネルをほります。これは、

かたい土《つち》をたがやして、やわらかくしているのと同《おな》じです。

ミミズがたくさんいるところの土《つち》は、栄《えい》養分《ようぶん》がいっぱいで、ふかふかとしています。ミミズが多《おお》い畑《はたけ》では、野菜《やさい》がとてもよく育《そだ》ちます。

ミミズは小《ちい》さくて、地味《じみ》な生《い》き物《もの》ですが、地球《ちきゅう》の土《つち》をたがやして、ひ料《りょう》をつくってくれる、すばらしい生《い》き物《もの》なのです。

ミミズくんのおかげで
こんなに元気《げんき》だよ！

植物《しょくぶつ》・こん虫《ちゅう》のふしぎ

イラスト／いずもり・よう

ヒマワリの種《たね》は、どうしてたくさんできるの？

お日《ひ》さまみたいに元気《げんき》だったヒマワリの花《はな》も、夏休《なつやす》みが終《お》わるころには、かれてきます。かれたあとには、ぎっしりと種《たね》ができていますね。種《たね》が重《おも》くて、下《した》を向《む》いてしまうほどです。ちょうど、アサガオも種《たね》をつけていませんか？　ちょっと見《み》てみましょう。アサガオの種《たね》は、一《ひと》つの花《はな》に六《むっ》つくらいですね。どうしてヒマワリは、種《たね》をたくさんつけるのでしょうか？

それは、ヒマワリの花《はな》は、一《ひと》つではないからです。一《ひと》つに見《み》えても、じつはたくさんの花《はな》が集《あつ》まったものなのです。たくさんの小《ちい》さな花《はな》には、種《たね》をつける花《はな》と、つけない花《はな》の二種類《にしゅるい》があります。

ヒマワリの花《はな》があったら、外《そと》側《がわ》の黄色《きいろ》い花《はな》びらを引《ひ》っぱってぬいて見《み》てみましょう。黄色《きいろ》い花《はな》びらには、おしべもめしべもありませんね。ですから、種《たね》をつくることはできません。

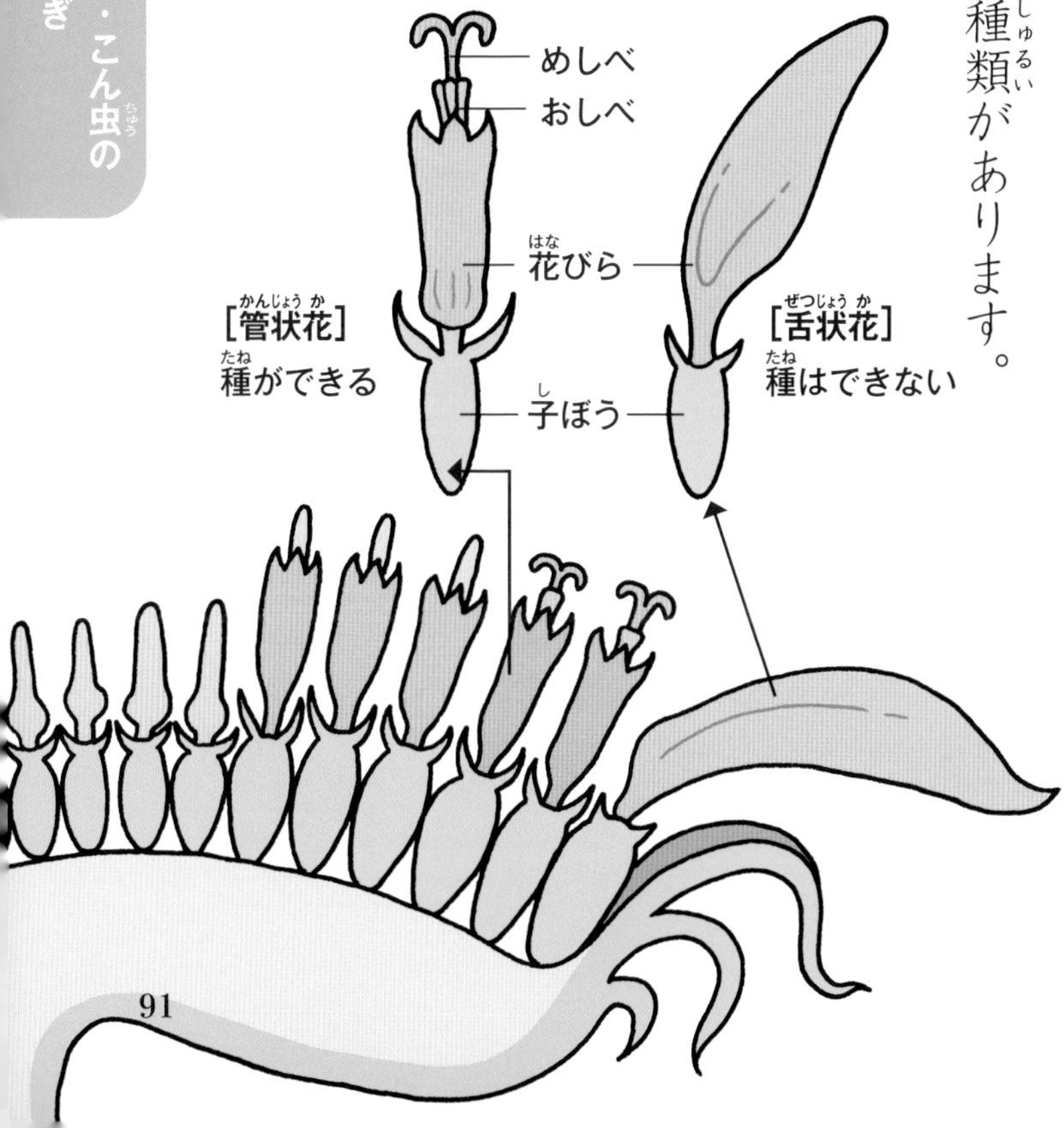
めしべ
おしべ
花《はな》びら
子《し》ぼう
[管状花《かんじょうか》]
種《たね》ができる
[舌状花《ぜつじょうか》]
種《たね》はできない

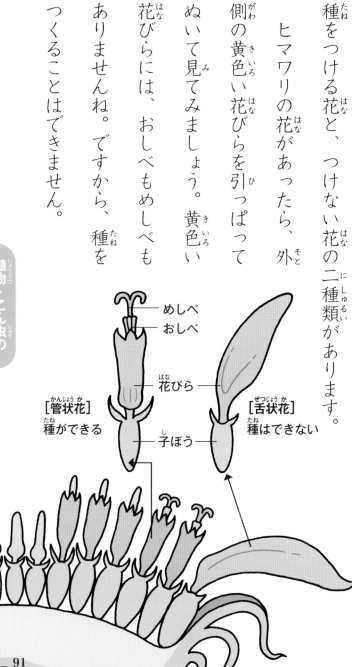

次《つぎ》に内側《うちがわ》のこい茶色《ちゃいろ》のところをよく観察《かんさつ》しましょう。つぶつぶした小《ちい》さなものが集《あつ》まっています。このひとつひとつが花《はな》なのです。花《はな》の真《ま》ん中《なか》にめしべ、その少《すこ》し下《した》におしべがあります。小《ちい》さくて目《め》立《だ》たないけれど、花《はな》びらもあります。いちばん下《した》には、子《し》ぼうがあります。めしべがおしべの花《か》ふん

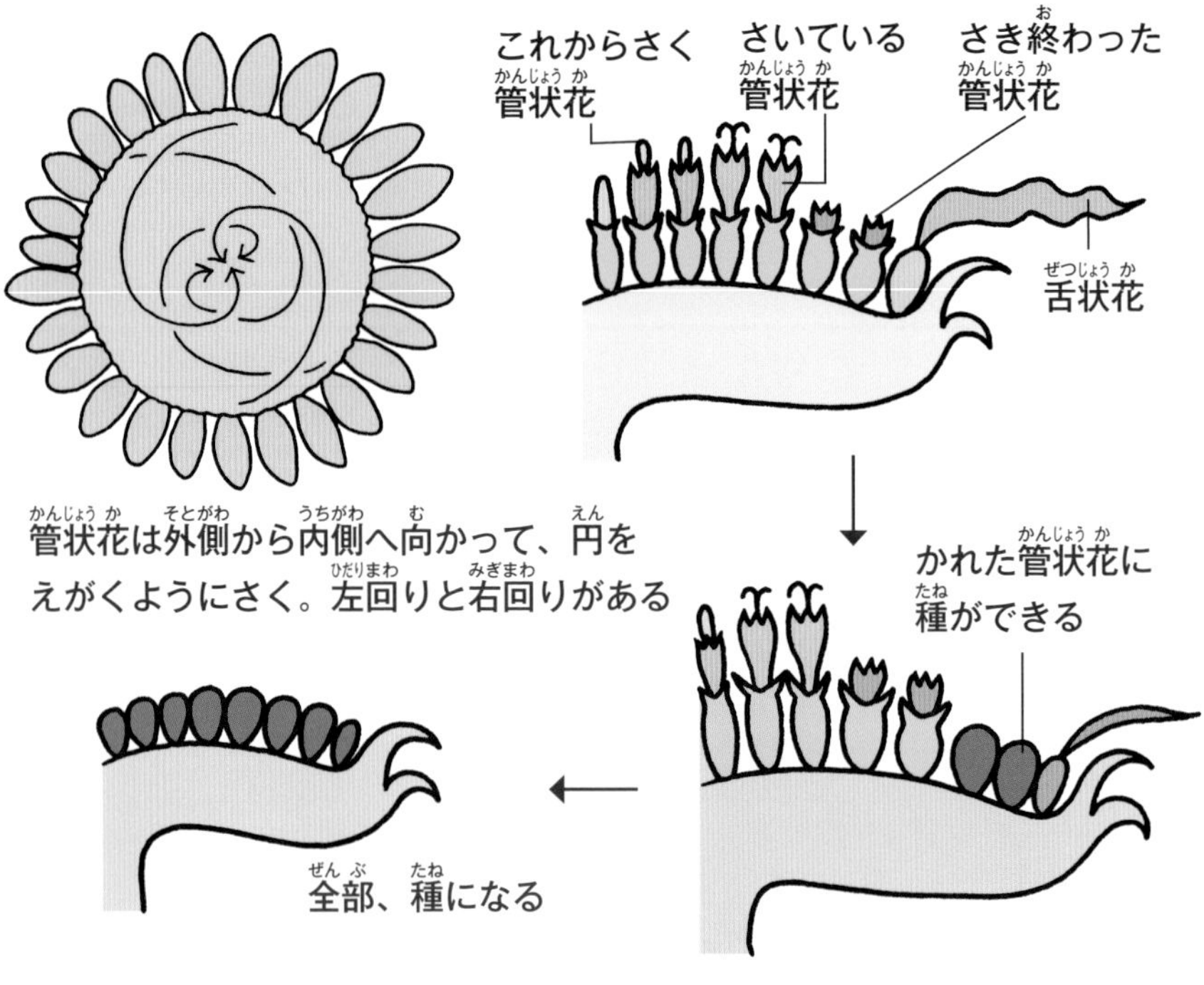

これからさく管状花《かんじょうか》
さいている管状花《かんじょうか》
さき終《お》わった管状花《かんじょうか》
舌状花《ぜつじょうか》
管状花《かんじょうか》は外側《そとがわ》から内側《うちがわ》へ向《む》かって、円《えん》をえがくようにさく。左回《ひだりまわ》りと右回《みぎまわ》りがある
かれた管状花《かんじょうか》に種《たね》ができる
全部《ぜんぶ》、種《たね》になる

を受《う》け取《と》ったら、子《し》ぼうがふくらんで種《たね》になります。この小《ちい》さな花《はな》の数《かず》だけ、ヒマワリの種《たね》ができます。全部《ぜんぶ》で二千《にせん》こもの種《たね》がとれることがあります。

ヒマワリのように小《ちい》さな花《はな》が集《あつ》まって、一《ひと》つの花《はな》をつくっている植物《しょくぶつ》は、ほかにもたくさんあります。タンポポ、ダリア、アザミ、コスモス、キクなどです。花《はな》びらに見《み》えるところは、すべてひとつひとつが花《はな》ですよ。

ヒマワリの種《たね》は、食《た》べ物《もの》にもなります。ハムスターやリスの大好物《だいこうぶつ》ですが、わたしたちも食《た》べられますよ。油《あぶら》をひかずにフライパンでいって、からをわって食《た》べてみましょう。おいしいですよ。

葉《は》っぱがみんな緑色《みどりいろ》なのは、どうして？

植物《しょくぶつ》の葉《は》っぱって、緑色《みどりいろ》ですね。

花《はな》のようにもっといろいろな色《いろ》をつければ、楽《たの》しいような気《き》もします。いえいえ。葉《は》っぱの緑《みどり》はとても大事《だいじ》。緑色《みどりいろ》だから、わたしたちも、イヌもネコも鳥《とり》も、すべての生《い》き物《もの》が生《い》きているのですよ。

葉《は》っぱには、「葉緑体《ようりょくたい》」という小《ちい》さなつぶがたくさん入《はい》っています。葉緑体《ようりょくたい》には緑色《みどりいろ》の色素《しきそ》（葉緑素《ようりょくそ》）がふくまれています。葉緑素《ようりょくそ》があるか

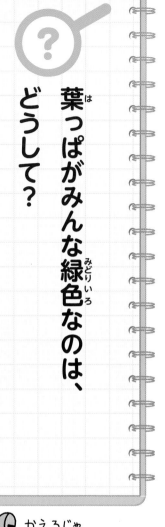

ら、葉《は》っぱは緑色《みどりいろ》なのですよ。葉緑素《ようりょくそ》をふくんだ葉緑体《ようりょくたい》には、とても大切《たいせつ》なはたらきがあります。

植物《しょくぶつ》の葉《は》っぱのうらには、とても小《ちい》さなあながいっぱいあいています。昼《ひる》のあいだ、葉《は》っぱは、あなから二酸化《にさんか》炭素《たんそ》をすいこんでいます。二酸化炭素《にさんかたんそ》は葉緑体《ようりょくたい》に運《はこ》ばれます。根《ね》からは、水《みず》がすいこまれています。すわれた水《みず》の

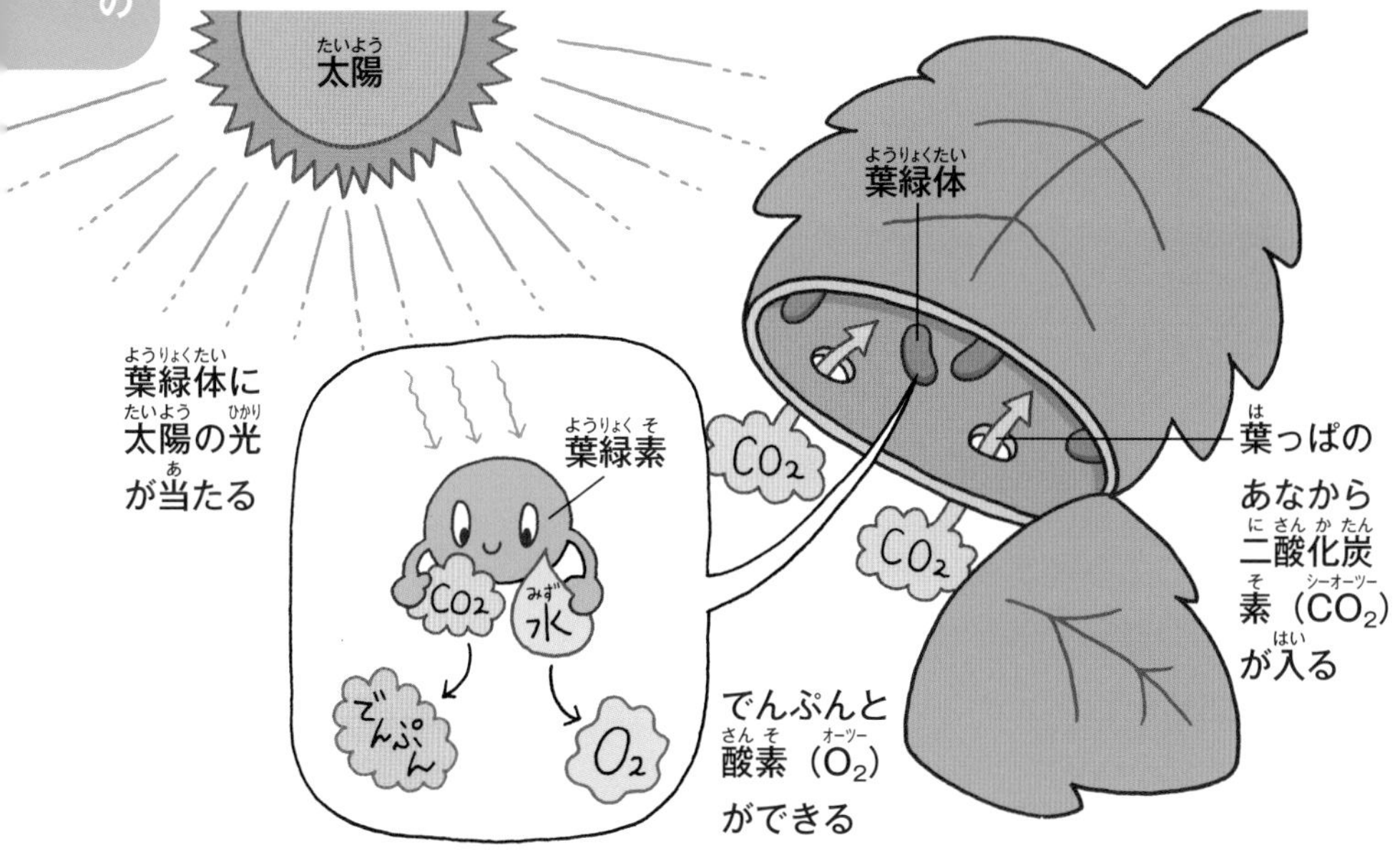
太陽《たいよう》
葉緑体《ようりょくたい》
葉緑体《ようりょくたい》に太陽《たいよう》の光《ひかり》が当《あ》たる
葉緑素《ようりょくそ》
CO_2
水《みず》
でんぷん
O_2
葉《は》っぱのあなから二酸化炭《にさんかたん》素《そ》（CO_2《シーオーツー》）が入《はい》る
でんぷんと酸素《さんそ》（O_2《オーツー》）ができる

一部《いちぶ》が葉緑体《ようりょくたい》に運《はこ》ばれます。

さあ、葉緑体《ようりょくたい》に二酸化炭素《にさんかたんそ》と水《みず》が集《あつ》められましたよ。そこに、太陽《たいよう》の光《ひかり》が当《あ》たります。すると、ふしぎなことが起《お》こります。でんぷんと酸素《さんそ》ができあがるのです。でんぷんは、植物《しょくぶつ》が大《おお》きくなるのに必要《ひつよう》な栄養分《えいようぶん》です。酸素《さんそ》は呼吸《こきゅう》に必要《ひつよう》な分《ぶん》を使《つか》って、残《のこ》りは葉《は》っぱから出《だ》します。

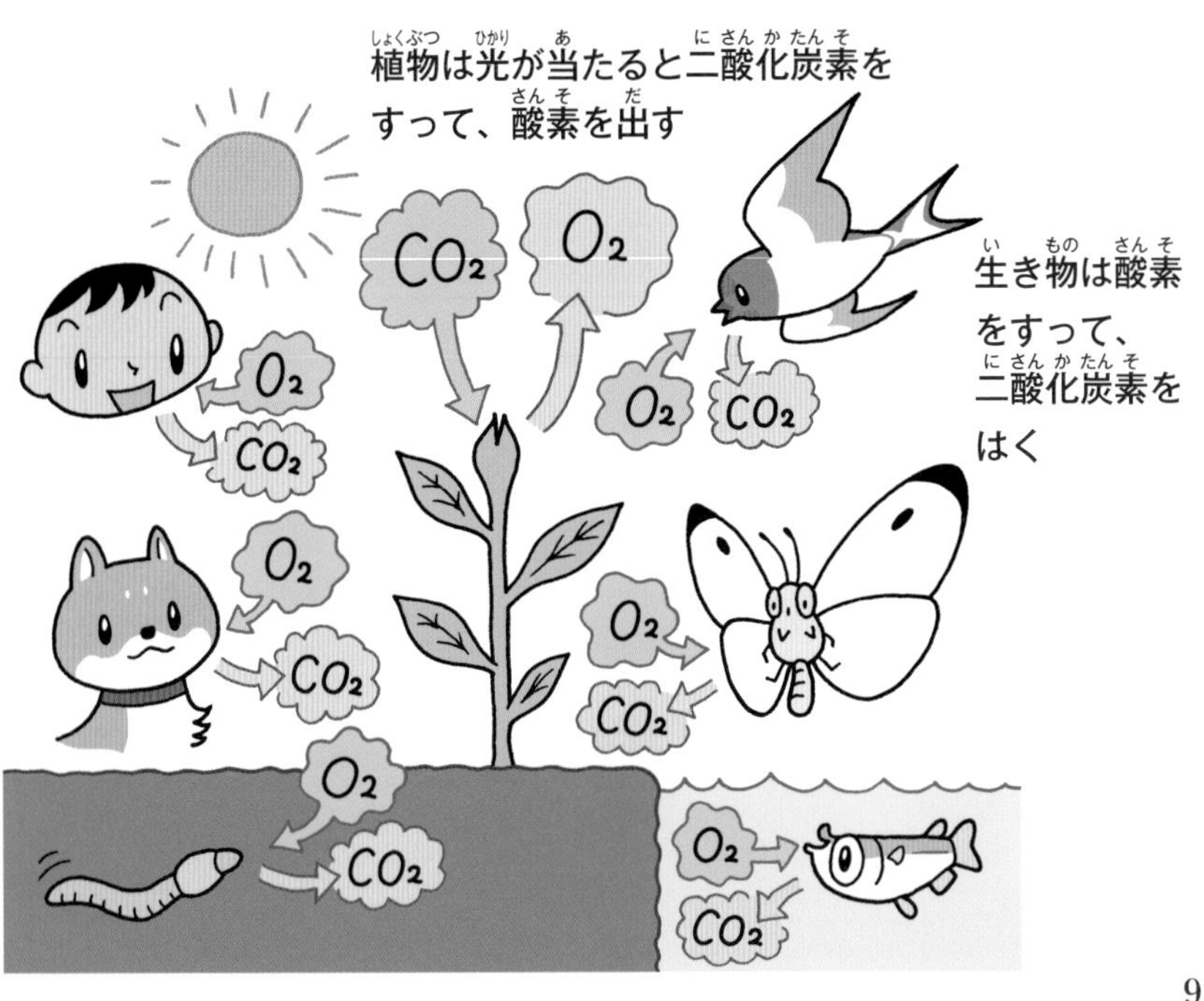
植物《しょくぶつ》は光《ひかり》が当《あ》たると二酸化炭素《にさんかたんそ》をすって、酸素《さんそ》を出《だ》す
生《い》き物《もの》は酸素《さんそ》をすって、二酸化炭素《にさんかたんそ》をはく
CO_2
O_2

生《い》き物《もの》は、植物《しょくぶつ》がつくった酸素《さんそ》をすって、二酸化炭素《にさんかたんそ》をはいて、呼吸《こきゅう》をしています。わたしたちが呼吸《こきゅう》をして、生《い》きていけるのは、植物《しょくぶつ》のおかげなのです。

葉緑体《ようりょくたい》は、水《みず》と光《ひかり》と二酸化炭素《にさんかたんそ》だけで、酸素《さんそ》とでんぷんをつくることができます。葉緑体《ようりょくたい》と同《おな》じはたらきをするものがつくれないかと、長《なが》いあいだ研究《けんきゅう》が続《つづ》いています。でも、まだまだ、成功《せいこう》していません。

ところで、植物《しょくぶつ》も呼吸《こきゅう》をしています。昼《ひる》は、葉緑体《ようりょくたい》でつくった酸素《さんそ》の一部《いちぶ》を使《つか》っています。夜《よる》は、動物《どうぶつ》と同《おな》じように、酸素《さんそ》をすって、二酸化《にさんか》炭素《たんそ》をはいているのです。

ジャガイモもサツマイモも、同《おな》じイモなの？

ジャガイモとサツマイモ、どちらが好《す》きですか？どちらもイモで、野菜《やさい》売《う》り場《ば》で売《う》られています。でも、イモといっても、二《ふた》つはだいぶちがうものなのです。

植物《しょくぶつ》は栄養分《えいようぶん》のでんぷんを自分《じぶん》でつくりますが、あまったでんぷんをためこむ種類《しゅるい》があります。どこにためるかは、植物《しょくぶつ》によってちがいます。

たとえば、でんぷんを根《ね》にためたのがサツマイモで、茎《くき》にためたのが

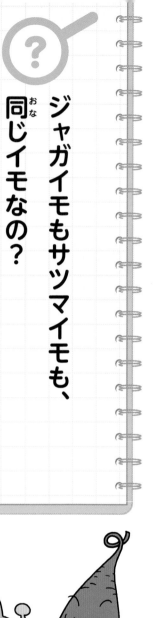

ジャガイモです。

サツマイモに、細《ほそ》くて白《しろ》いひげのような根《ね》がついていることがありますね。植物《しょくぶつ》の根《ね》というのは、太《ふと》い部分《ぶぶん》から、細《ほそ》い根《ね》が出《で》ることが多《おお》いのです。サツマイモのイモの部分《ぶぶん》は太《ふと》い根《ね》っこ、そこから、細《ほそ》い根《ね》が出《で》て、水《みず》や養分《ようぶん》をすっているのです。

ジャガイモは土《つち》の中《なか》にできるから、根《ね》のように思《おも》えますが、茎《くき》の下《した》のほうが土《つち》にもぐりこんで、イモになったものです。ジャガイモのでこぼこしたところを「芽《め》」とよびますね。芽《め》は茎《くき》から出《で》ます。植物《しょくぶつ》の茎《くき》って、すらりとのびていますね。それを、ぎゅーっとおしちぢめたのが、ジャガイモのイモの部分《ぶぶん》です。茎《くき》から芽《め》が出《で》てくるのは、当《あ》たり前《まえ》なのです。

じつはタマネギも、イモと同《おな》じようなものです。タマネギは、茎《くき》がぎゅっとちぢんで、その周《まわ》りの葉《は》っぱに、栄養分《えいようぶん》がたまったものです。タマネギって一《いち》まい一《いち》まいはがれますね。あれは、ぜんぶ葉《は》っぱなんですよ。

チューリップの球根《きゅうこん》を植《う》えたことはありますか？　球根《きゅうこん》も、でんぷんがたまったもので

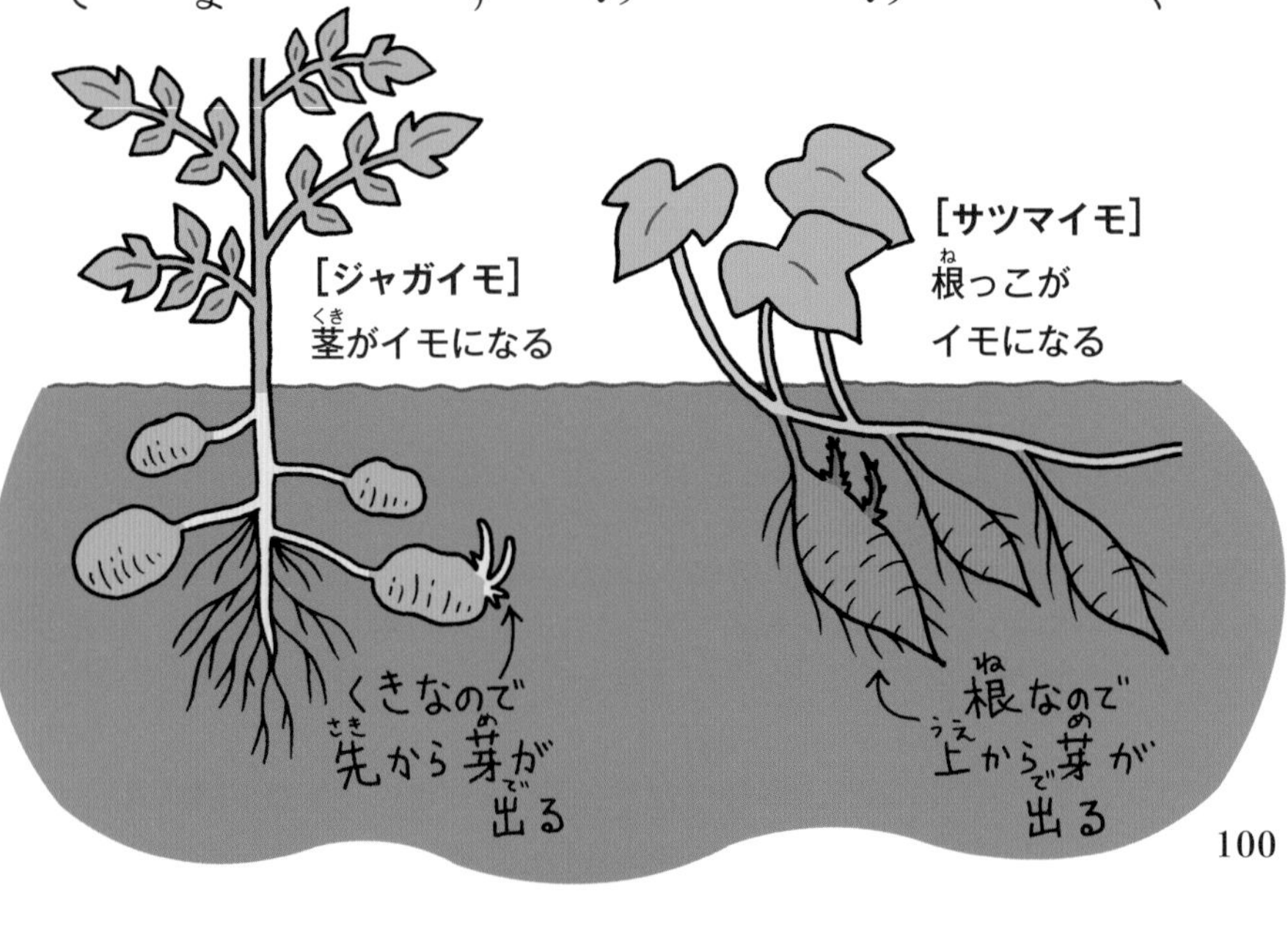

[ジャガイモ]
茎《くき》がイモになる
くきなので
先《さき》から芽《め》が出《で》る
[サツマイモ]
根《ね》っこが
イモになる
根《ね》なので
上《うえ》から芽《め》が出《で》る

す。チューリップの球根《きゅうこん》も、もともとは葉《は》っぱです。茎《くき》の下《した》のほうにある葉《は》っぱに、でんぷんがたまって、ふくらんで地面《じめん》の下《した》にうまっているのです。

植物《しょくぶつ》が、栄養分《えいようぶん》をたくわえるのは、冬《ふゆ》ごしをするためです。冬《ふゆ》のあいだ、地面《じめん》の下《した》でねむっていて、あたたかい春《はる》が来《く》ると、イモや球根《きゅうこん》から芽《め》や根《ね》を出《だ》して、大《おお》きく育《そだ》っていくのです。

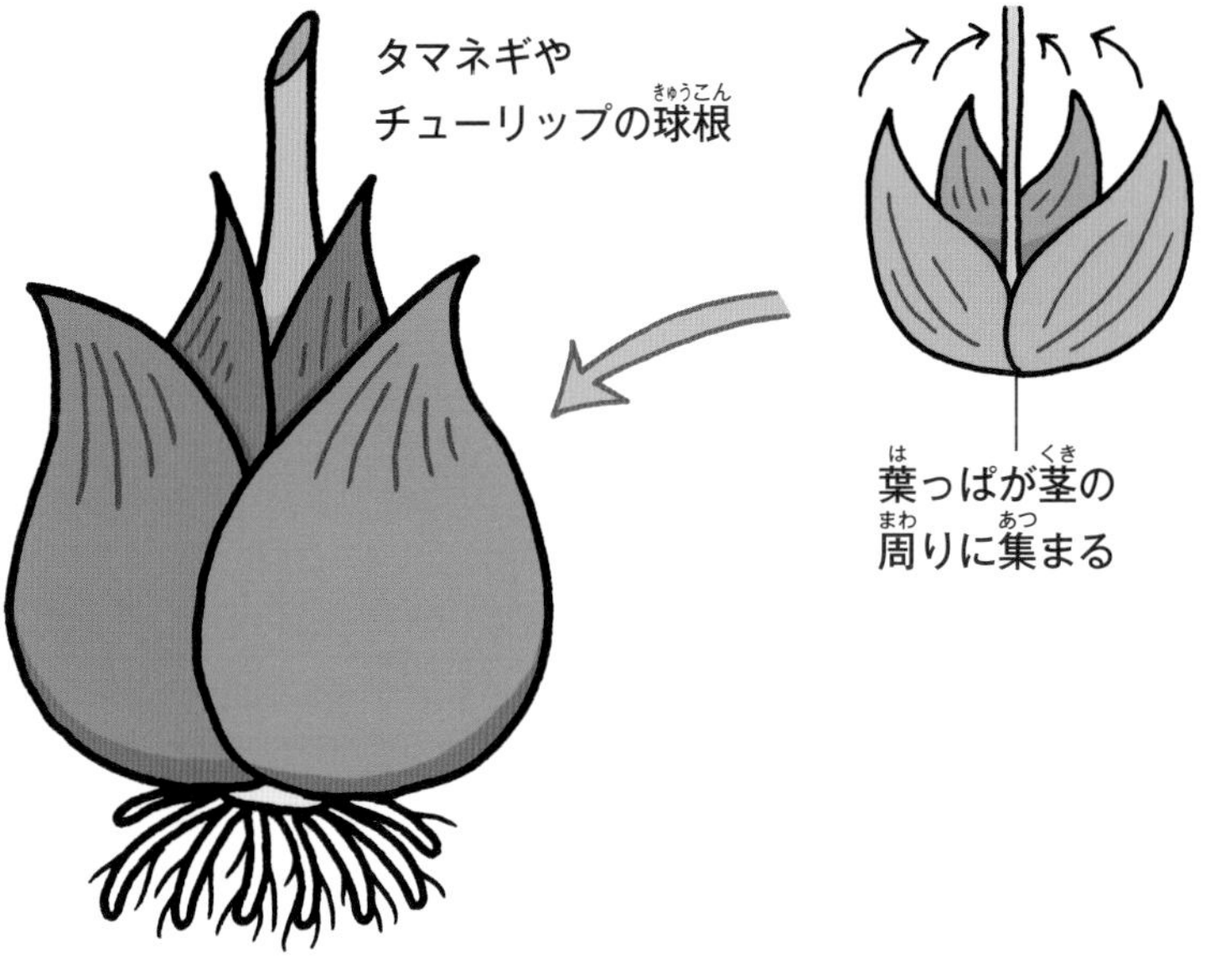
葉《は》っぱが茎《くき》の
周《まわ》りに集《あつ》まる
タマネギや
チューリップの球根《きゅうこん》

レンコンには、どうしてあながあるの？

みなさん、レンコンは好《す》きですか？　煮物《にもの》や天《てん》ぷらで食《た》べることも多《おお》いでしょう。ですから、レンコンにあながあいていることは、知《し》っていますよね。でも、どうして、あながあいているのでしょうか？

レンコンは、ハスという植物《しょくぶつ》の一部分《いちぶぶん》です。ハスは、公園《こうえん》の池《いけ》やぬまで見《み》ることができます。夏《なつ》に、ピンク色《いろ》か白色《しろいろ》のきれいな花《はな》がさきます。葉《は》は平《ひら》べったく、大《おお》きく広《ひろ》がって、水《みず》の上《うえ》に立《た》ち上《あ》がっています。

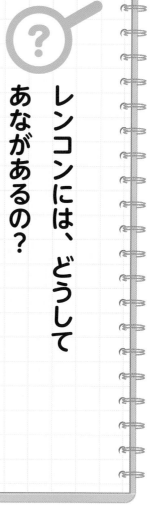

ハスの花《はな》や葉《は》は、水底《みなそこ》のどろから生《は》えているように見《み》えます。どろの部分《ぶぶん》をほってみると、レンコンが出《で》てきます。レンコンは、ハスの根《ね》なのでしょうか？　いいえ、ちがいます。レンコンは、ハスの茎《くき》が地下《ちか》にもぐったものです。このように、地下《ちか》にある茎《くき》を「地下茎《ちかけい》」といいます。

植物《しょくぶつ》は動《うご》きませんが、生物《せいぶつ》です。生《い》きていくには、酸素《さんそ》が必要《ひつよう》です。ふつうの植物《しょくぶつ》の地下茎《ちかけい》や根《ね》は、かわいた土《つち》の中《なか》にあります。酸素《さんそ》が不足《ふそく》することはありません。しかしハスの地下茎《ちかけい》と根《ね》は、どろの中《なか》です。どろからは、十分《じゅうぶん》な量《りょう》の酸素《さんそ》を取《と》りこむことができません。これでは、地《ち》下茎《かけい》と根《ね》がちっ息《そく》して、ハス全体《ぜんたい》がかれてしまいそうです。

植物《しょくぶつ》・こん虫《ちゅう》のふしぎ

そこで、レンコンのあなの登場《とうじょう》です。レンコンには、細《ほそ》い部分《ぶぶん》（節《ふし》）がありま す。節《ふし》からは、細《ほそ》い根《ね》が出《で》ています。また、緑色《みどりいろ》の茎《くき》のようなものも水面《すいめん》へのびています。のびた先《さき》に葉《は》があれば、これを「葉柄《ようへい》」といいます。花《はな》がついていれば、「花柄《かへい》」といいます。葉柄《ようへい》と花柄《かへい》は、葉《は》や花《はな》を茎《くき》につなげている部分《ぶぶん》をさします。

ハスの葉《は》は十分《じゅうぶん》に酸素《さんそ》をふくんだ空気《くうき》

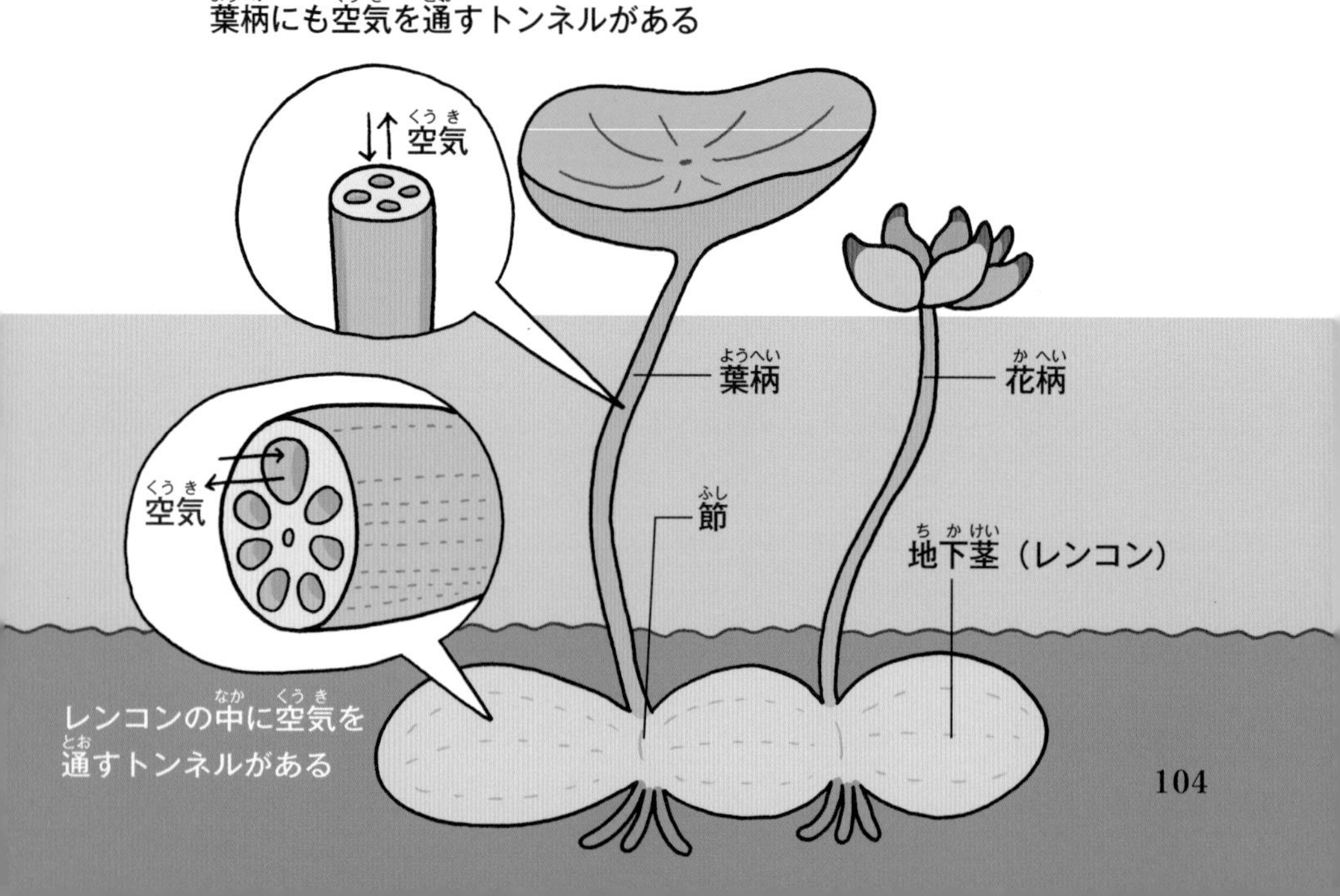

をすいこんで、葉柄《ようへい》に送《おく》ります。葉柄《ようへい》には、空気《くうき》を通《とお》す特別《とくべつ》のトンネルが通《とお》っています。葉柄《ようへい》のトンネルは、レンコンの中《なか》のトンネルにつながって、空気《くうき》が送《おく》られていきます。

レンコンのあなは、空気《くうき》を通《とお》すトンネルを輪切《わぎ》りにしたものです。あな、つまり空気《くうき》のトンネルがあるおかげで、レンコンはちっ息《そく》しないのです。レンコンは葉柄《ようへい》をシュノーケルのように使《つか》って、息《いき》をしているというわけですね。

忍者《にんじゃ》のわざ、水《すい》とんの術《じゅつ》

キノコの種《たね》は、どこにあるの？

シイタケ、ナメコ、シメジ、エノキタケ。いろいろなキノコがありますね。キノコは植物《しょくぶつ》のように見《み》えますが、ヒマワリのような植物《しょくぶつ》ではありません。

キノコは緑色《みどりいろ》ではありませんね。葉緑体《ようりょくたい》をもっていないので、酸素《さんそ》やでんぷんをつくることはできません。そのかわりに、かれた植物《しょくぶつ》などを分《ぶん》かいして栄養《えいよう》にしています。だから、キノコは「森《もり》のそうじ屋《や》さん」

といわれています。

キノコはふえ方《かた》も植物《しょくぶつ》とはちがいます。ふつうの植物《しょくぶつ》は種《たね》をつけますが、キノコは種《たね》をつくりません。キノコのかさのうら側《がわ》には、たくさんのひだがあります。このひだの中《なか》に、「胞子《ほうし》」というホコリのようなつぶができます。胞子《ほうし》がキノコからはなれて、どこかに落《お》ちると、そこで成長《せいちょう》をはじめます。

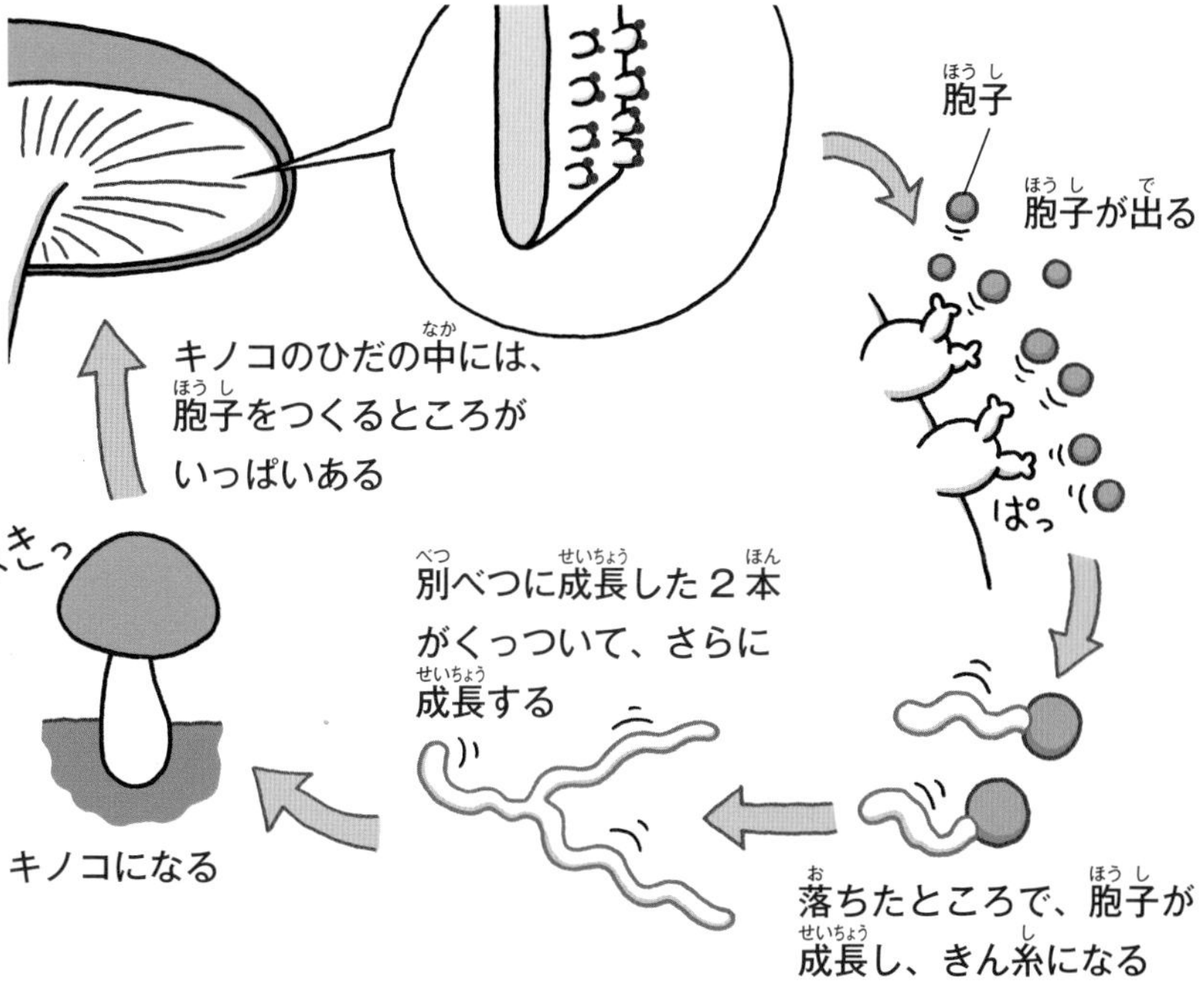
キノコのひだの中《なか》には、胞子《ほうし》をつくるところがいっぱいある
胞子《ほうし》
胞子《ほうし》が出《で》る
ぱっ
落《お》ちたところで、胞子《ほうし》が成長《せいちょう》し、きん糸《し》になる
別《べつ》べつに成長《せいちょう》した２本《ほん》がくっついて、さらに成長《せいちょう》する
にょきっ
キノコになる

胞子《ほうし》が成長《せいちょう》すると、糸《いと》のようなかたちの「きん糸《し》」になります。でも、きん糸《し》一本《いっぽん》だけでは、キノコにはなれません。近《ちか》くに落《お》ちた別《べつ》のきん糸《し》といっしょになると、大《おお》きく育《そだ》ってキノコになります。

植物《しょくぶつ》は、種《たね》を風《かぜ》に乗《の》せて飛《と》ばしたり、動物《どうぶつ》に運《はこ》んでもらったりします。同《おな》じように、キノコも胞子《ほうし》を風《かぜ》に乗《の》せて飛《と》ばします。ボールのように丸《まる》くなったかさが、ぼわんとはれつして、胞子《ほうし》をまき散《ち》らすキノコもありますよ。

とりたてのシイタケがあったら、胞子《ほうし》を観察《かんさつ》してみましょう。えを切《き》り取《と》って、かさだけにします。黒《くろ》い紙《かみ》の上《うえ》に、シイタケのかさをふせて、一《ひと》ばん、そのままにしておきます。よく日《じつ》、シイタケのかさをどかすと、紙《かみ》の上《うえ》に白《しろ》いこなのようなものがついていませんか？　もし、ついていたら、それがシイタケの胞子《ほうし》です。

お店《みせ》で売《う》っているシイタケは、胞子《ほうし》がとれてしまっているのがほとんどです。胞子《ほうし》がついているシイタケは、味《あじ》がこくておいしいといわれています。

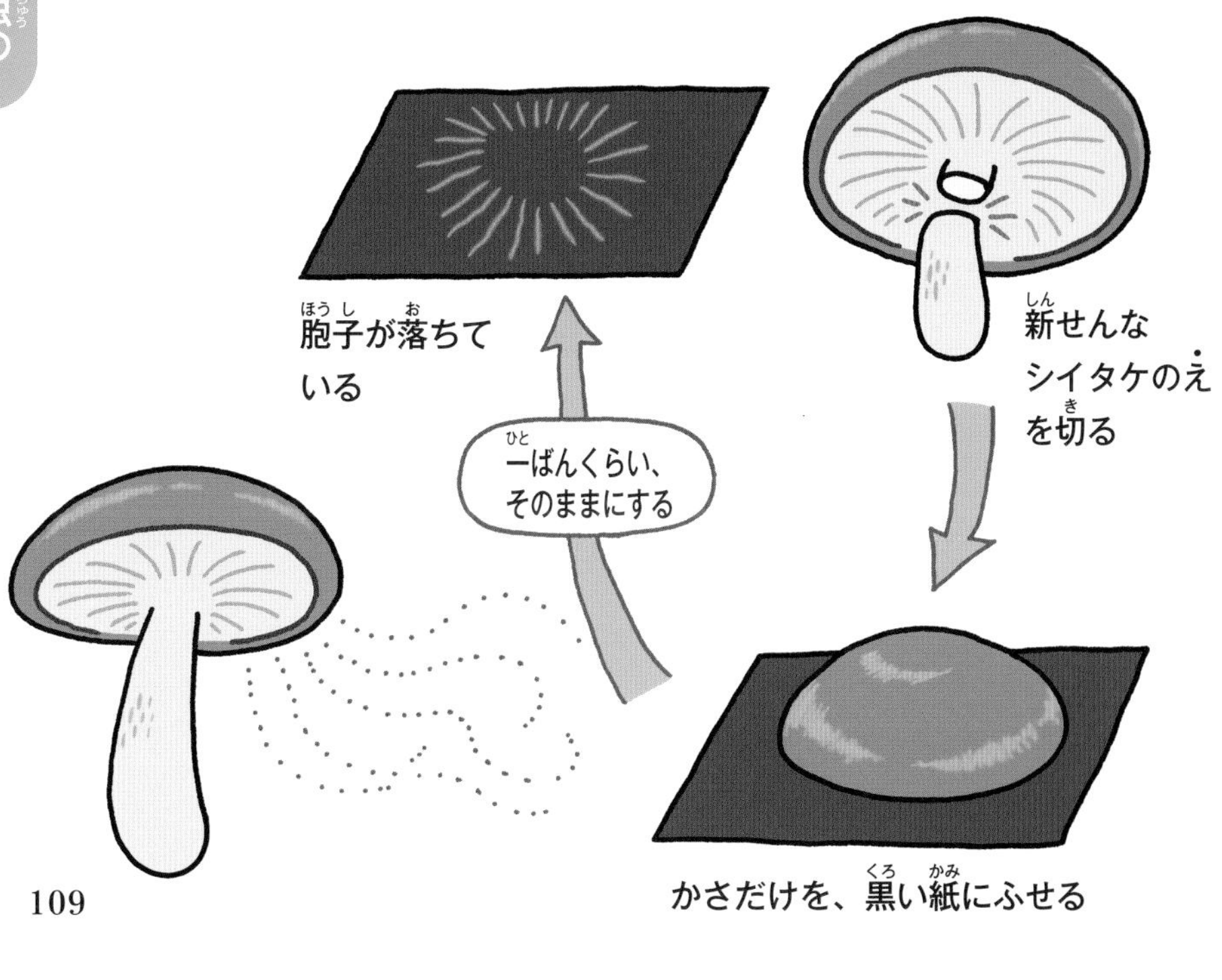
新《しん》せんなシイタケのえを切《き》る
かさだけを、黒《くろ》い紙《かみ》にふせる
一《ひと》ばんくらい、そのままにする
胞子《ほうし》が落《お》ちている

トウモロコシには、どうしてひげがあるの？

みなさんは、トウモロコシは好《す》きですか？　今《いま》は一年中《いちねんじゅう》、食《た》べることができますが、もともとは春《はる》に種《たね》をまいて、夏《なつ》にとれる野菜《やさい》です。ところで、トウモロコシを買《か》ってくると、先《さき》のほうにもじゃもじゃの長《なが》いひげがついています。どうしてひげが生《は》えているのでしょう？

じつは、このひげはトウモロコシのめしべなのです。おしべの花《か》ふんがめしべにつくと、受《じゅ》ふんして実《み》がなりますね。トウモロコシも同《おな》じで

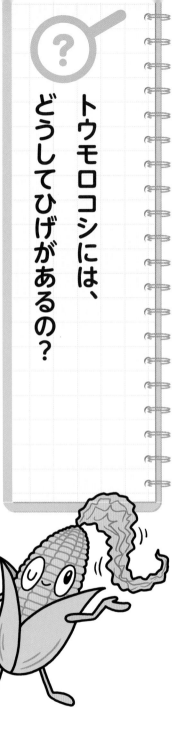

す。トウモロコシのつぶ一《ひと》つ一《ひと》つに、めしべが一本《いっぽん》ずつついていて、受《じゅ》ふんしやすいようにほの外《そと》までめしべ（ひげ）をのばしているのです。だから、ひげの数《かず》とつぶの数《かず》は同《おな》じなのですよ。

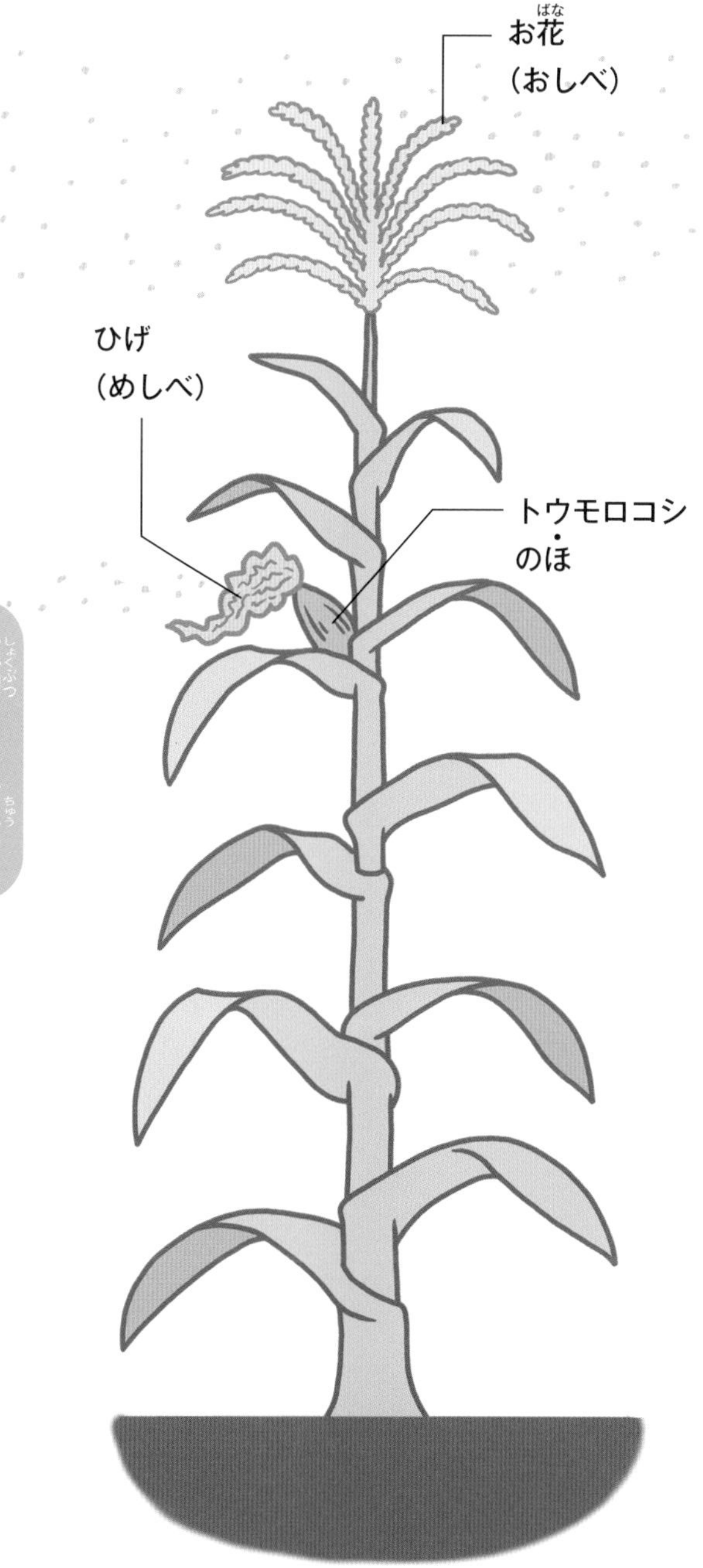

では、トウモロコシのつぶは、いったいいくつくらいあると思《おも》いますか？　大《おお》きさや品種《ひんしゅ》によってちがいますが、だいたい五百《ごひゃく》〜六百《ろっぴゃく》つぶくらいといわれています。根気《こんき》のある人《ひと》は、ぜひ数《かぞ》えてみましょう。

「えーっ、ムリムリ……」っていう根気《こんき》のない人《ひと》には、もうひとつ、トウモロコシのひみつを教《おし》えましょう。それは「トウモロコシのつぶは、かならずぐう数《すう》になる」ということです。

ぐう数《すう》とは、二《に》、四《よん》、六《ろく》、八《はち》…など、二《に》でわり切《き》れる整数《せいすう》のことです。一《いち》、三《さん》、五《ご》、七《しち》…のような、二《に》でわり切《き》れない整数《せいすう》はき数《すう》といいます。

トウモロコシのつぶは、二《ふた》つ一組《ひとくみ》でトウモロコシのしんについています。だから、つぶの数《かず》はかならずぐう数《すう》になるのです。

「本当《ほんとう》かな……」って思《おも》っている人《ひと》は、トウモロコシを輪切《わぎ》りにしてみてください。となりどうしのつぶが、根元《ねもと》でくっついているのがわかりますよ。

2つぶで1組《くみ》
ホントだ！

ハチは、みんなさすの？

ハチを見《み》ると、あぶない！　さされる！

って思《おも》ってしまいませんか？　たしかにハチにさされることはあります。

でも、ハチにだって、さす理由《りゆう》があるのです。

ハチの巣《す》の中《なか》には、たくさんの子《こ》どもがいます。そこに人間《にんげん》が近《ちか》づくと、子《こ》どもと巣《す》を守《まも》るために、ハチははりを使《つか》って、こうげきしてくるのです。もちろん、自分《じぶん》の身《み》を守《まも》るときにも、こうげきします。

ところで、ハチはみんな、はりをもっているのでしょうか？　いいえ、はりをもっているのは、メスのハチだけです。だから、さすのもメスだけです。ハチのはりは、もともとは産《さん》らん管《かん》という、たまごを産《う》む管《くだ》なのです。オスには、産《さん》らん管《かん》はありませんよね。

その産《さん》らん管《かん》を、どくばりとしても使《つか》うようになったハチがいたのです。チョウやガなどのよう虫《ちゅう》に、どくばりを打《う》って動《うご》けなくさせて、自《じ》分《ぶん》の子《こ》どもに食《た》べさせるのです。また、どくばり（産《さん》らん管《かん》）をこうげきのために使《つか》うようになったのが、アシナガバチやスズメバチ、ミツバチなどです。巣《す》に近《ちか》づいてくるてきを、どくばりでこうげきするのです。

ミツバチのどくばりは、ほかのハチとはちがっています。つりばりのように、かえしがついているのです。だから人間《にんげん》や動物《どうぶつ》をさすと、どくばりのかえしがひっかかってしまい、かん単《たん》にはぬけません。

ミツバチが飛《と》び去《さ》るときには、はりに引《ひ》っぱられて、はりにつながっている内《ない》ぞうの一部《いちぶ》まで、ちぎれて

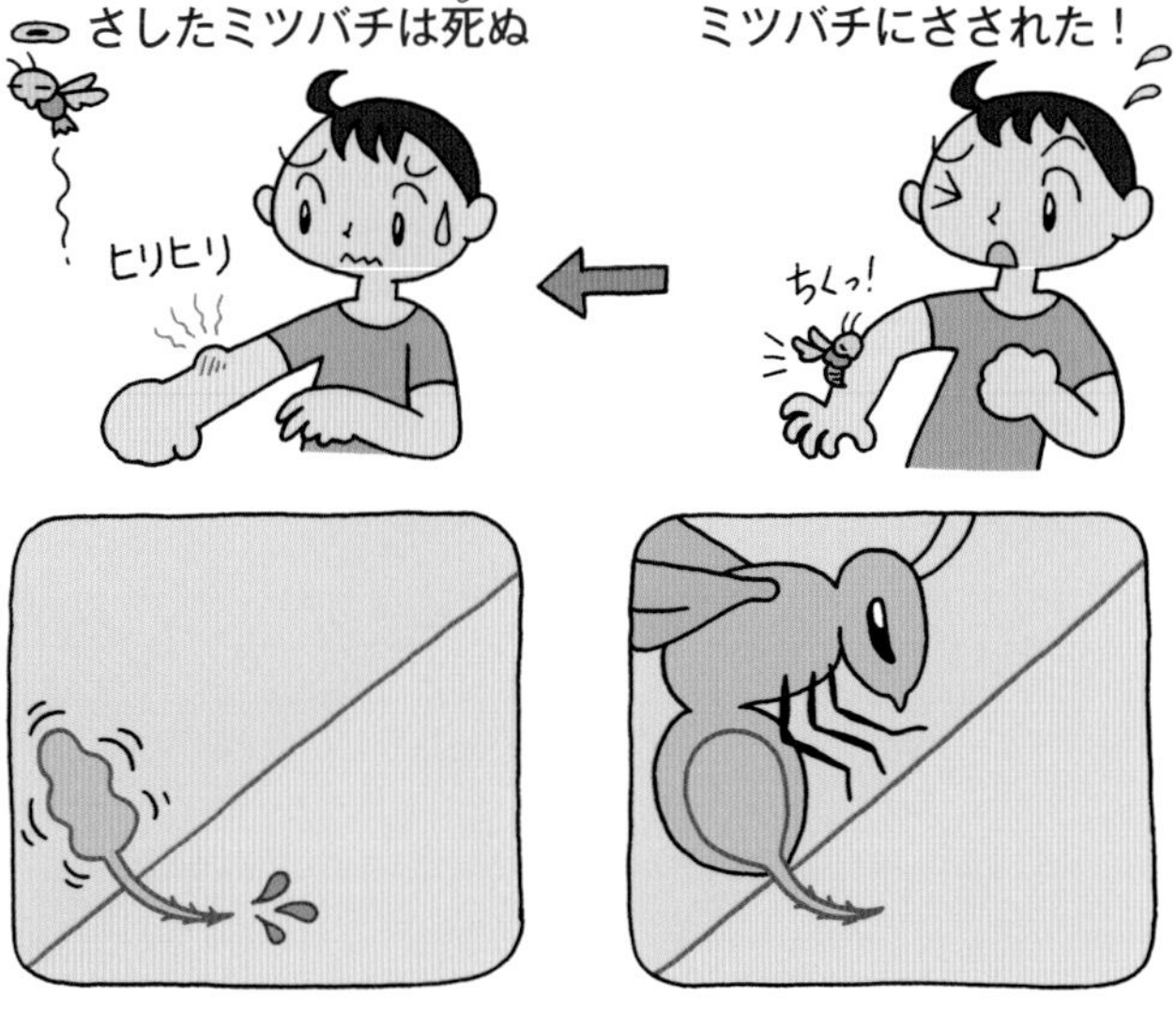

どくばりには、かえしがついていて、ぬけない

どくばりと、どくえきが入《はい》った部分《ぶぶん》は、皮《ひ》ふに残《のこ》る

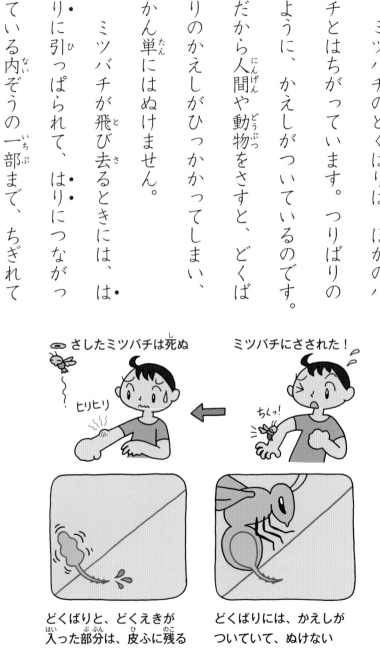

しまいます。だから、はりをさしたミツバチは、やがて死《し》んでしまうのです。さされたほうもいたい思《おも》いをしますが、さしたミツバチも命《いのち》がけなのですよ。

ハチにさされると、からだの調《ちょう》子《し》が悪《わる》くなる人《ひと》もいます。巣《す》を見《み》つけたら、近《ちか》よらないで、静《しず》かにはなれましょう。

[オオスズメバチ]
からだの大《おお》きさは4cm《センチメートル》ほど。コガネムシなどのよう虫《ちゅう》や、ほかのハチなどをおそって、よう虫《ちゅう》の食《た》べ物《もの》にする

[セグロアシナガバチ]
からだの大《おお》きさは2～3cm《センチメートル》。チョウやガなどのよう虫《ちゅう》をおそう

[セイヨウミツバチ]
からだの大《おお》きさは1～1.5cm《センチメートル》。花《はな》のみつなどを食《た》べる

ホタルは、なぜ光《ひか》るの？

ホタルの光《ひかり》を、見《み》たことがありますか？

あわい緑色《みどりいろ》の光《ひかり》が、すーっと動《うご》いたり、草《くさ》むらでぼんやり光《ひか》ったりして、とてもきれいです。光《ひか》っているのは、おしりの先《さき》っぽです。ここに発光器《はっこうき》という光《ひか》る部分《ぶぶん》があるのです。発光器《はっこうき》では、ルシフェリンという光《ひかり》のもとになる物質《ぶっしつ》がつくられます。ルシフェリンに、ルシフェラーゼという、こうそがはたらいて、光《ひかり》が生《う》まれるのです。

でも、どうしてホタルは光《ひか》るのでしょうか？　ホタルの光《ひかり》は、オスとメスとが結《けっ》こん相手《あいて》をさがすための合図《あいず》です。オスの発光器《はっこうき》は、メスよりも大《おお》きいので、強《つよ》い光《ひかり》が出《で》ます。太陽《たいよう》がしずむと、オスは発光器《はっこうき》を光《ひか》らせながら飛《と》びます。「およめさん、ぼ集中《しゅうちゅう》！」という合図《あいず》を光《ひかり》で送《おく》っているのです。

メスは、ほとんど飛《と》びません。草《くさ》や

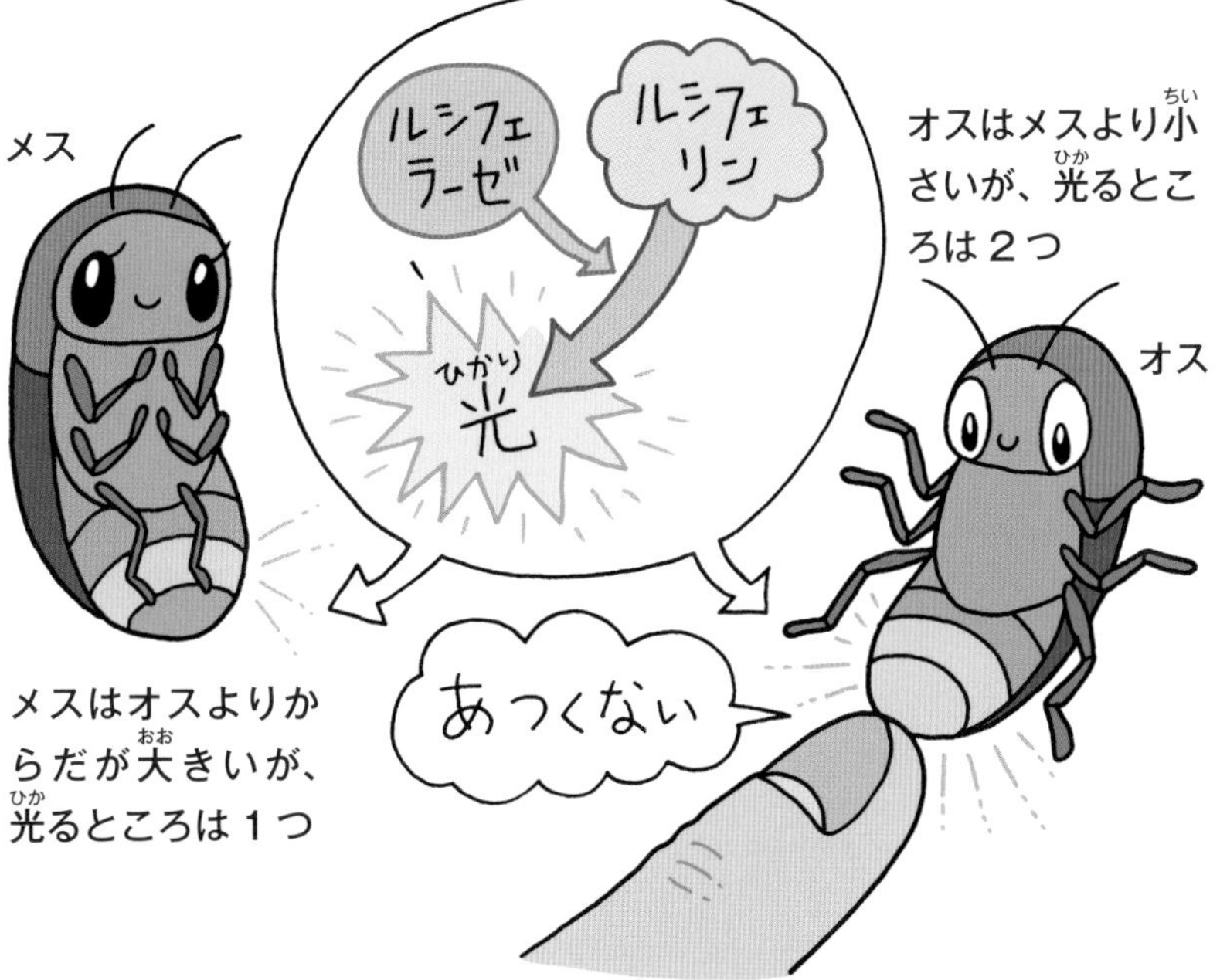
メス
ルシフェラーゼ
ルシフェリン
光《ひかり》
オスはメスより小《ちい》さいが、光《ひか》るところは２つ
オス
メスはオスよりからだが大《おお》きいが、光《ひか》るところは１つ
あつくない

木《き》の葉《は》にとまっています。力強《ちからづよ》く光《ひか》りながら飛《と》んでいるオスを見《み》たメスは、「およめさんになります！」と光《ひかり》を送《おく》ります。葉《は》の上《うえ》のあわい光《ひかり》を見《み》つけたオスは、すぐにメスがいるとわかるのです。

ホタルはたまごのときから光《ひか》ります。よう虫《ちゅう》もさなぎも光《ひか》ります。よう虫《ちゅう》は、てきが近《ちか》よってきたら、

すてき！結《けっ》こんして！わたしはここよ！
およめさんがほしいよ！
ピカピカ

光《ひか》っておどろかせるのではないかと考《かんが》えられています。

ところで、関西《かんさい》の人《ひと》と関東《かんとう》の人《ひと》で、方言《ほうげん》があるように、ホタルにも方《ほう》言《げん》があります。日本《にほん》の代表的《だいひょうてき》なホタルであるゲンジボタルのオスが、ぴかぴかと光《ひか》る、その回数《かいすう》を数《かぞ》えてみると、西日本《にしにほん》のゲンジボタルは、八《はち》秒間《びょうかん》に四回《よんかい》、「ぴか、ぴか、ぴか、ぴか」。東日本《ひがしにほん》は、もっとゆっくりで八秒間《はちびょうかん》に二回《にかい》、「ぴかー、ぴかー」。

関西《かんさい》の人《ひと》は、早口《はやくち》でおしゃべりなんていわれますね。ホタルもそうなのでしょうか？　みなさんのすんでいるところのホタルは、関西弁《かんさいべん》と関《かん》東弁《とうべん》、どちらの方言《ほうげん》で光《ひか》っているでしょうか？

フンコロガシって、日本《にほん》にもいるの？

みなさんはテレビや本《ほん》で、フンコロガシという虫《むし》を見《み》たことがありますか？『ファーブル昆虫記《こんちゅうき》』でもしょうかいされていますね。

フンコロガシは、動物《どうぶつ》のうんちを丸《まる》めて、ごろごろと転《ころ》がします。何《なに》に使《つか》うのかって？子《こ》どもの食《た》べ物《もの》なのです。フンコロガシは、地面《じめん》にあなをほって、巣《す》にします。巣《す》の外《そと》で、動物《どうぶつ》のうんちを見《み》つけたら、ボールにします。そして、さか立《だ》ちして、後《うし》ろ足《あし》でうんちをささえなが

ら、巣《す》あなまで転《ころ》がしていきます。

無事《ぶじ》、うんちが運《はこ》ばれたら、お母《かあ》さんがその中《なか》にたまごを産《う》みます。たまごからかえったよう虫《ちゅう》は、うんちボールを食《た》べて、大《おお》きく育《そだ》ちます。

フンコロガシのように、うんちを食《た》べる虫《むし》を「ふん虫《ちゅう》」といいます。

ふん虫《ちゅう》には、子《こ》どものためにうんちをボールにして運《はこ》ぶタイプと、うんちのかたまりを巣《す》あなに運《はこ》んで、そこでだんごに丸《まる》めるタイプがいます。

日本《にほん》にいるふん虫《ちゅう》のほとんどは、ダイコクコガネなど巣《す》あなでだんごをつくるタイプです。巣《す》あなに、三《さん》こか四《よん》このだんごがつくられます。

フンコロガシと同《おな》じように、さか立《だ》ちをして転《ころ》がしていくタイプには、マメダルマコガネなどがいます。からだは二《に》ミリメートルぐらいと、とても小《ちい》さいのですが、からだの二倍《にばい》もの大《おお》きさのうんちボールを、さか立《だ》ちして転《ころ》がすのです。

うんちを食《た》べる虫《むし》なんて、きたなくていやですか？　でも、うんちをかた付《づ》ける人《ひと》がいなければ、みんなこまりますよね？

たとえば、牧場《ぼくじょう》のウシやウマは毎日《まいにち》、たくさんのうんちをします。そのままそうじされないと、どうなるでしょうか。うんちが同《おな》じ場所《ばしょ》にたくさんあると、草《くさ》が生《は》えにくくなるし、ハエがどんどんわきます。

でも、ふん虫《ちゅう》がうんちを運《はこ》べば、そうじをしてくれたことになります。

また、牧場《ぼくじょう》のあちこちに、うんちがちょっとずつ散《ち》らばるので、ちょうどよいひ料《りょう》になります。

ふん虫《ちゅう》は、公園《こうえん》や散歩道《さんぽみち》にもいて、イヌのうんちなどを利用《りよう》しています。最近《さいきん》は、イヌのうんちは、かい主《ぬし》が持《も》ち帰《かえ》るようにしていますよね。ふん虫《ちゅう》は、おなかがすいているかもしれませんね。

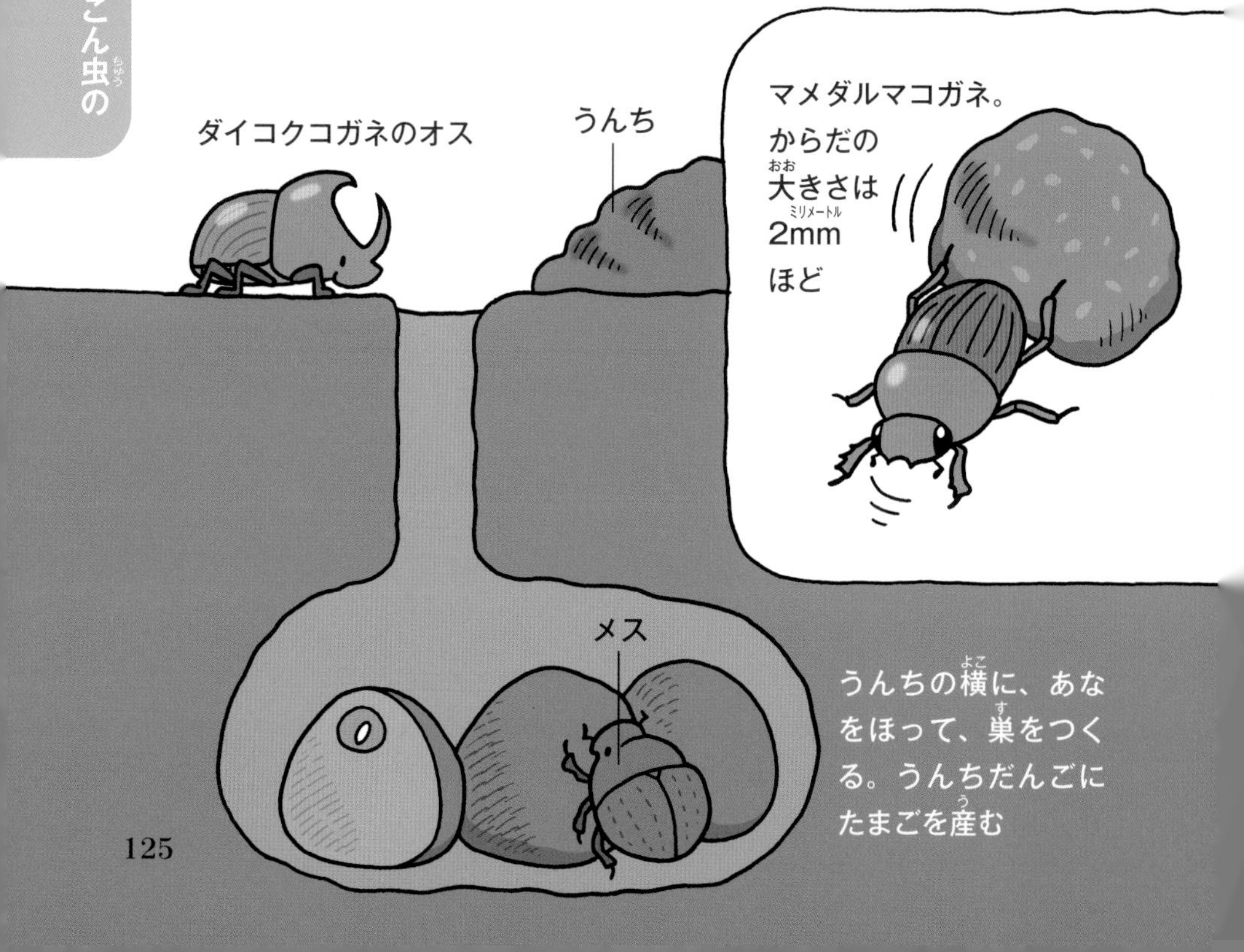
ダイコクコガネのオス
うんち
マメダルマコガネ。からだの大《おお》きさは2mm《ミリメートル》ほど
メス
うんちの横《よこ》に、あなをほって、巣《す》をつくる。うんちだんごにたまごを産《う》む

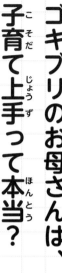

ゴキブリのお母《かあ》さんは、子育《こそだ》て上手《じょうず》って本当《ほんとう》？

大《だい》きらいな人《ひと》も多《おお》いと思《おも》いますが、ゴキブリのお話《はなし》です。ゴキブリって、けっこうすごいところがあるんですよ。ちょっと聞《き》いてください。

ゴキブリのお母《かあ》さんは、たまごをとても大事《だいじ》にします。「子《こ》どもをたくさんふやして、ずっと、この家《いえ》でくらそう」というのが、ゴキブリの作戦《さくせん》なのです。ゴキブリは、たまごをふくろの中《なか》に産《う》みます。たまごがかんそうしないように、しっかりとしたふくろをつくります。お母《かあ》さん

ゴキブリは、たまごを産《う》みっぱなしにしないで、たまごのふくろをおしりにつけたまま、歩《ある》き回《まわ》ります。

クロゴキブリのお母《かあ》さんは、たまごがふ化《か》する一《いっ》か月《げつ》くらい前《まえ》に、ふくろをからだからはずします。そして部屋《へや》のすみや食器《しょっき》だなの後《うし》ろなど、目立《めだ》たない所《ところ》に、だえきをのりのように使《つか》って、たまごのふくろをはりつけます。

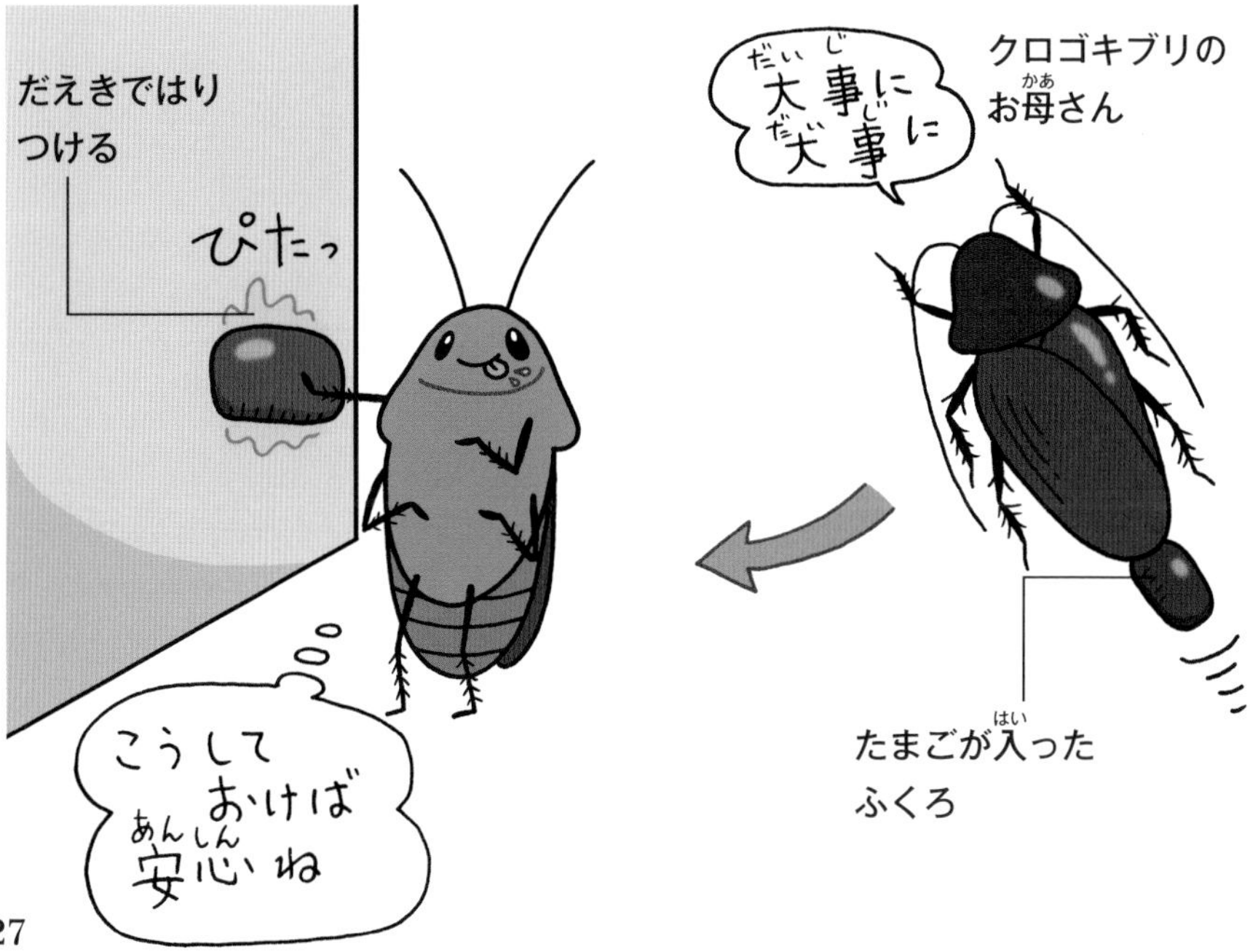
だえきではりつける
ぴたっ
こうしておけば安《あん》心《しん》ね
クロゴキブリのお母《かあ》さん
大《だい》事《じ》に大《だ》事《じ》に
たまごが入《はい》ったふくろ

チャバネゴキブリのお母《かあ》さんは、よう虫《ちゅう》が出《で》てくるまで、たまごのふくろをおしりにつけたままにしておきます。お母《かあ》さんのからだからは、水分《すいぶん》がふくろに送《おく》られています。もし、たまごのふくろをお母《かあ》さんからはずしてしまうと、たまごはかえることができません。一《ひと》つのふくろには、四十《よんじっ》こものたまごが入《はい》っています。だから、あっという間《ま》にゴキブリがふえることがあるのですね。

ゴキブリが地球《ちきゅう》にたん生《じょう》したのは、だいたい二億年前《におくねんまえ》です。とてもとても昔《むかし》のことです。恐竜《きょうりゅう》たちがあらわれたのは、二億三千万年前《におくさんぜんまんねんまえ》といわれています。ゴキブリは、恐竜《きょうりゅう》たちと同《おな》じくらい昔《むかし》から地球《ちきゅう》にいて、そのころから、すがたはほとんど変《か》わっていないのですよ。

もしかすると、ティラノサウルスやステゴサウルスの足元《あしもと》を、ゴキブリがちょろちょろと歩《ある》いていたかもしれません。

そのころから、ゴキブリのお母《かあ》さんは、大事《だいじ》にたまごを守《まも》っていたのかもしれませんね。

のっし
のっし
かっこいい〜

特《とく》集《しゅう》

こん虫《ちゅう》へん

ふしぎな生《い》き物《もの》大《だい》特《とく》集《しゅう》

こんな生《い》き物《もの》、知《し》っていましたか？ 本当《ほんとう》に世界《せかい》のどこかにすんでいるんですよ。見《み》ているだけで、なんだか楽《たの》しくなってくる生《い》き物《もの》たちをしょうかいします。

お、おもい…

ミツツボアリ

みつのちょぞう係《がかり》のアリは、おなかがパンパンになるまでみつを飲《の》まされて、天《てん》じょうからぶら下《さ》がっています。

うわーん まけたー
どうだ!

シュモクバエ

目《め》が左右《さゆう》につき出《で》ているハエです。オスどうしが長《なが》さをくらべ合《あ》って、長《なが》いほうが勝《か》ちです。

ジンメンカメムシ

おすもうさんの顔《かお》のような、もようがあるカメムシです。鳥《とり》などをおどすことができるといわれています。

ツノゼミ

ツノゼミはセミに近《ちか》い仲間《なかま》です。いろいろなかたちの角《つの》は、むねの部分《ぶぶん》がかたちを変《か》えたものです。植物《しょくぶつ》などに、にせているともいわれています。

ツマジロスカシマダラ

羽《はね》がすき通《とお》っています。ふつうのチョウとは、羽《はね》の表面《ひょうめん》のつくりがちがっています。

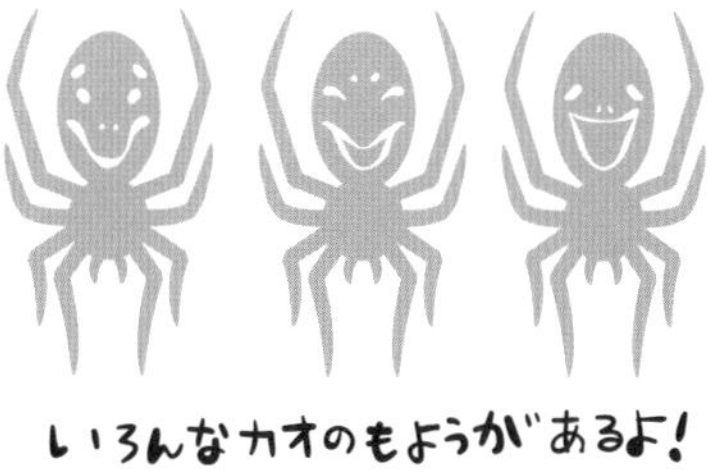

ハッピースマイルスパイダー

ハワイにいる５ｍｍ《ミリメートル》ほどのクモ。いろいろなニコニコもようがあると、鳥《とり》に見《み》つかりにくくなるようです。

（※クモはこん虫に近い仲間の生き物です）

ハナカマキリ

花《はな》そっくりの色《いろ》とかたちで、チョウやハチを待《ま》ちぶせします。てきの鳥《とり》に見《み》つかりにくいともいわれています。

特《とく》　集《しゅう》
動物《どうぶつ》へん

コモリガエル

たまごをメスの背中《せなか》にうめてしまいます。たまごもオタマジャクシも、背中《せなか》で安全《あんぜん》に育《そだ》ち、小《ちい》さなカエルになります。

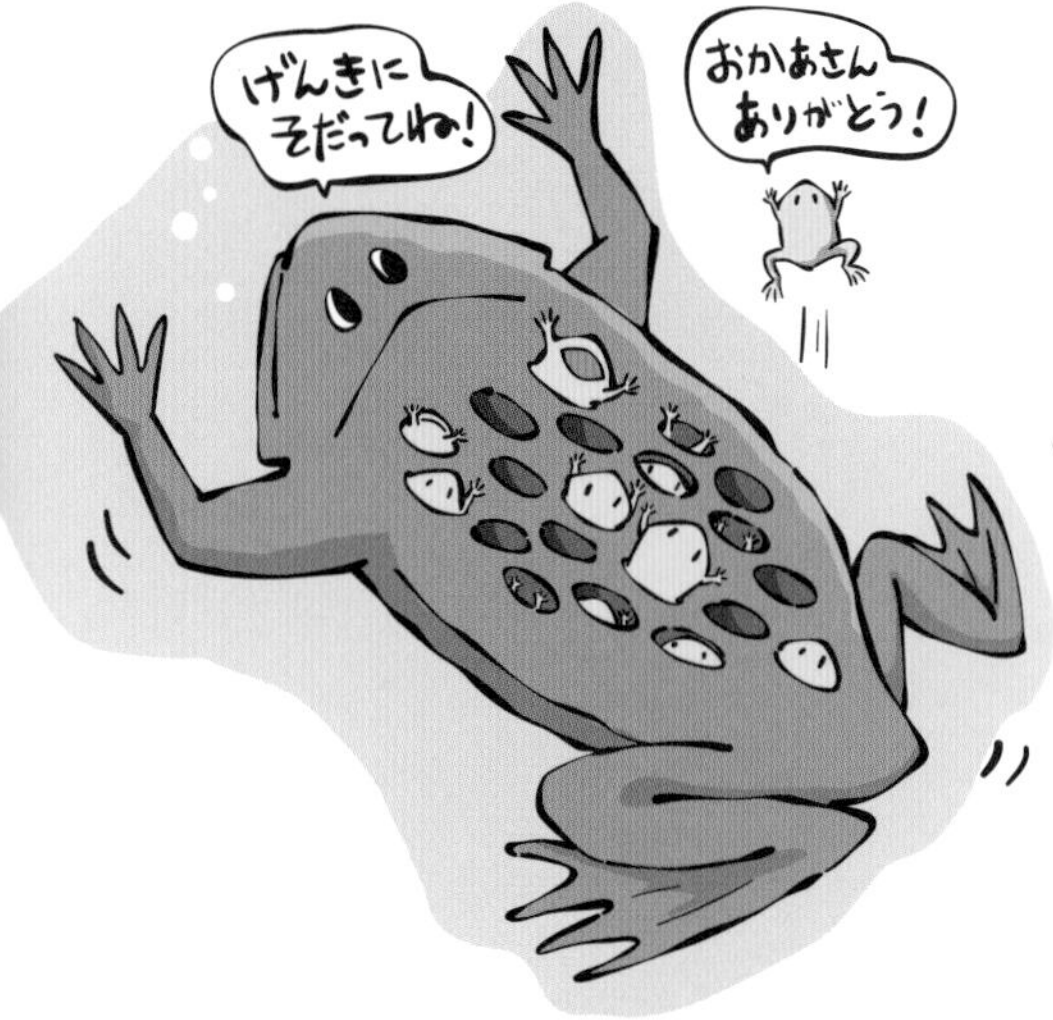
げんきに
そだってね!
おかあさん
ありがとう!

ピグミージェルボア

トビネズミというネズミの仲《なか》間《ま》です。さばくのような場所《ばしょ》にすむ、世界《せかい》でいちばん小《ちい》さいほにゅう類《るい》のひとつです。

500

アホロテトカゲ

ミミズではなく、トカゲです。目《め》と前足《まえあし》があります。後《うし》ろ足《あし》はありません。あなをほり、アリを食《た》べています。

バットフィッシュ

足《あし》のようなむなびれで、海底《かいてい》をよたよたと歩《ある》きます。アンコウの仲間《なかま》なので、頭《あたま》に小魚《こざかな》をさそう、とっ起《き》があります。

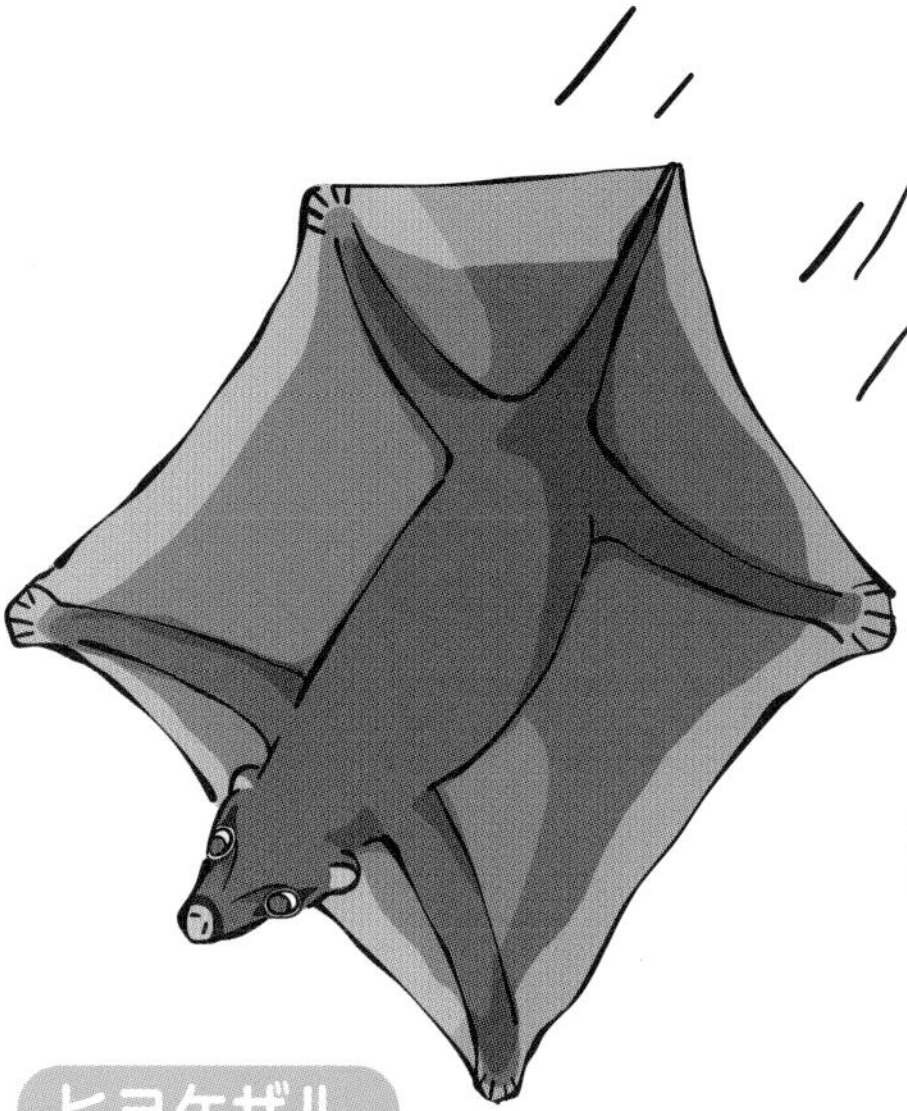

カメガエル

カエルですが、一生《いっしょう》、水《みず》には入《はい》りません。土《つち》にあなをほってくらします。たまごからは直接《ちょくせつ》、子《こ》ガエルが生《う》まれます。

ヒヨケザル

両手足《りょうてあし》としっぽのあいだにあるうすいまくを広《ひろ》げて飛《と》ぶ、サルに近《ちか》い仲間《なかま》です。木《き》から木《き》へとグライダーのように100 m《メートル》も飛《と》びます。

バビルサ

イノシシの仲間《なかま》です。角《つの》のように見《み》えるのは犬歯《けんし》です。オスの上《うわ》あごの犬歯《けんし》は、顔《かお》の皮《ひ》ふをつきぬけて外《そと》に出《で》ています。

特《とく》集《しゅう》
すごい！生命力《せいめいりょく》へん

おいしい

ドクターフィッシュ

37℃《ど》ほどのお湯《ゆ》でも平気《へいき》で、温《おん》せんでもかわれることがあります。人間《にんげん》が入《はい》ってくると、あれた皮《ひ》ふを食《た》べて、きれいにしてくれます。

プラナリア

わき水《みず》などにすんでいる小《ちい》さな生《い》き物《もの》です。からだを切《き》られても、死《し》なずにそれぞれが元《もと》のかたちにもどります。

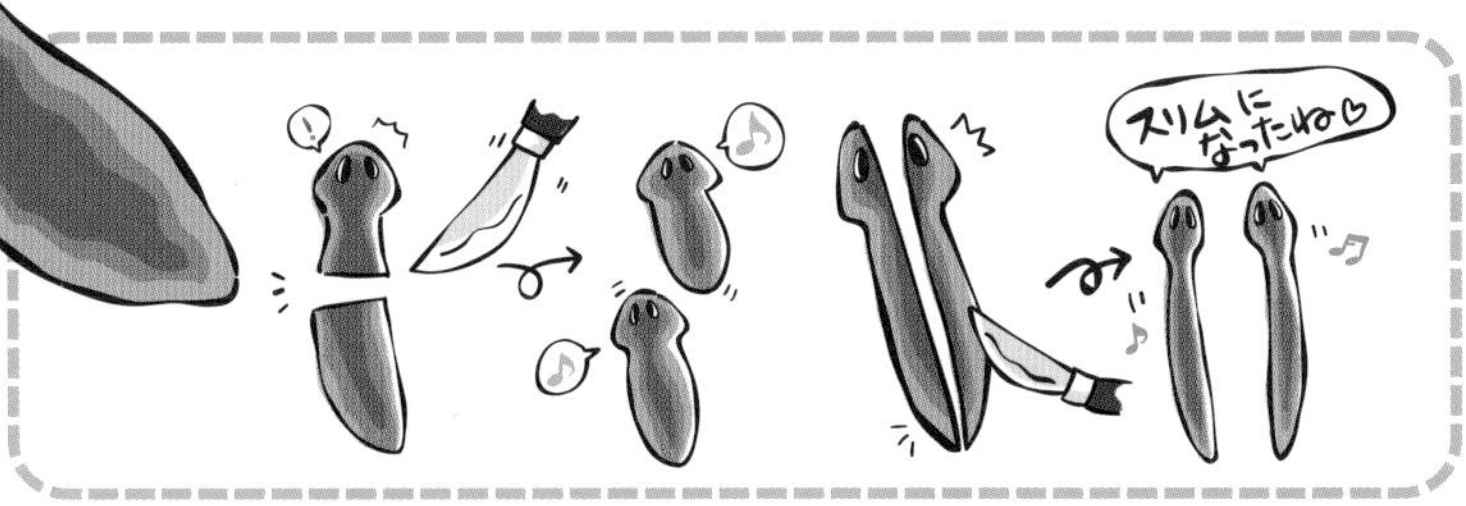
スリムになったね♡

クマムシ

コケの中《なか》などにすむ1mm《ミリメートル》ほどの生《い》き物《もの》です。かんきょうが悪《わる》くなると、からだを丸《まる》めて、死《し》んだようになって、何年《なんねん》でもたえることができます。

水《みず》がなくても
へいき
熱《あつ》くても
へいき
寒《さむ》くても
へいき
空気《くうき》がなくても
へいき

イラスト／菅原紫穂

地球《ちきゅう》・うちゅうのふしぎ

イラスト／むさしのあつし

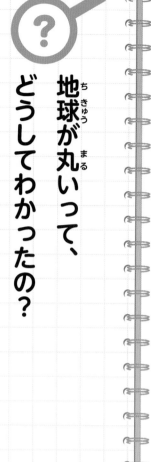

地球《ちきゅう》が丸《まる》いって、どうしてわかったの？

みなさんは、テレビや図《ず》かん、インターネットなどで、うちゅうからとった地球《ちきゅう》の写真《しゃしん》を見《み》たことがありますか？　そう、「地球《ちきゅう》は丸《まる》い」って、みなさんはもう知《し》っていますね。

「地球《ちきゅう》」という言葉《ことば》は、「大地《だいち》が球《きゅう》になっている」という意味《いみ》です。この言葉《ことば》は、一六〇〇年《ねん》ころに中国《ちゅうごく》でつくられたそうです。うちゅうに行《い》ける今《いま》だからこそ地球《ちきゅう》は丸《まる》いことがわかりますが、昔《むかし》の人《ひと》は、うちゅうには行《い》けませんでした。それなのに、どうして「地球《ちきゅう》は丸《まる》い」ということが、わかったのでしょうか。

じつは、地球《ちきゅう》が丸《まる》いという考《かんが》えは、今《いま》から二千年《にせんねん》以上《いじょう》も前《まえ》の古代《こだい》ギリシャ時代《じだい》から知《し》られていました。

たとえば、船《ふね》が島《しま》や陸《りく》にだんだん近《ちか》づいていくとき、最初《さいしょ》に山《やま》のちょう上《じょう》が見《み》えて、しだいに山《やま》の下《した》のほうが見《み》

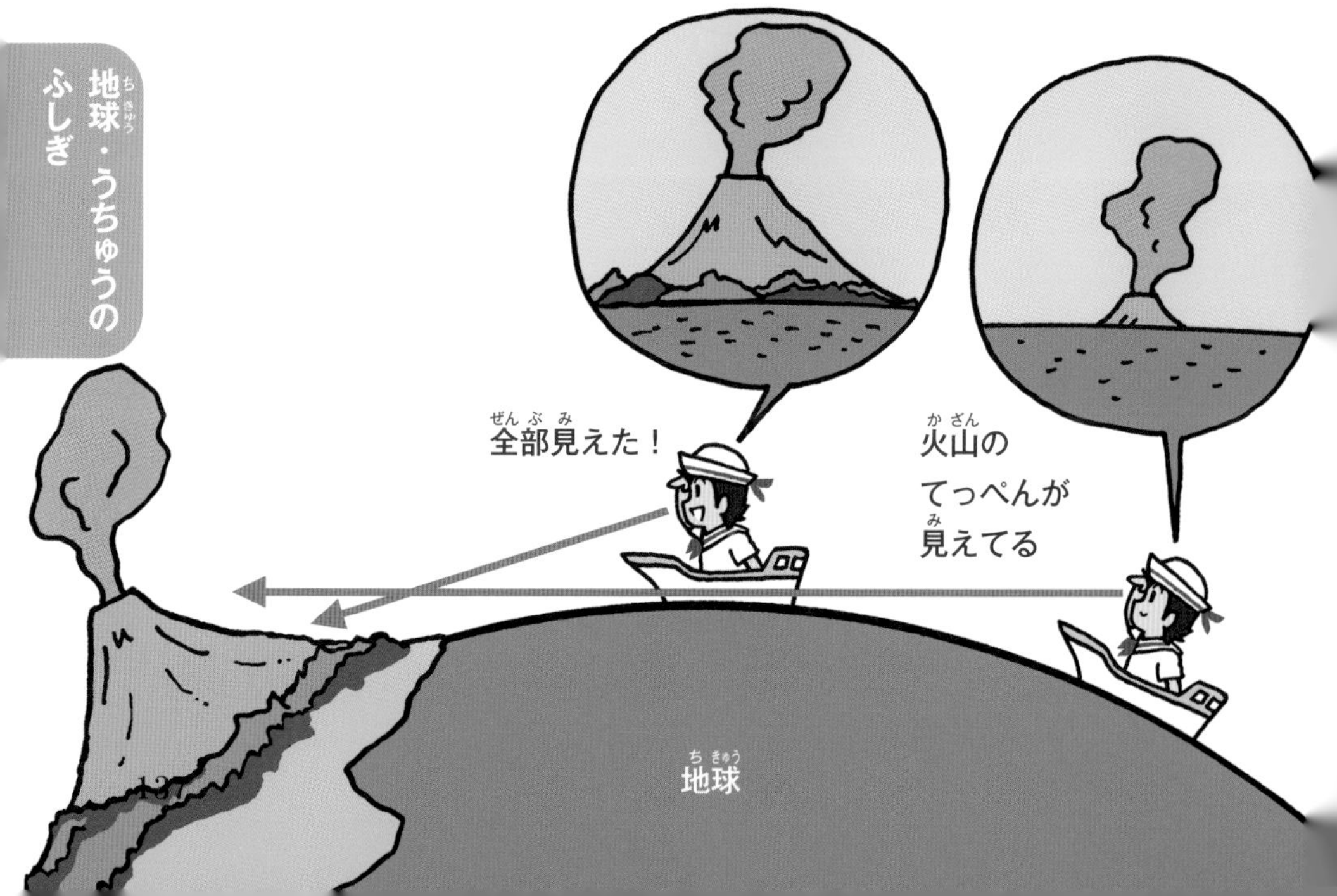

えてきます。もし、地球《ちきゅう》が平《たい》らだったら、小《ちい》さくても山全体《やまぜんたい》が見《み》えているはずですね。

また、「月食《げっしょく》」（太陽《たいよう》に照《て》らされた地球《ちきゅう》のかげに月《つき》が入《はい》るために起《お》こるげんしょう）のとき、月《つき》をかくしているのは地球《ちきゅう》のかげではないか。もしそうなら、そのかげが丸《まる》いことから、地球《ちきゅう》は丸《まる》いのではないか、と考《かんが》えたようです。身近《みぢか》

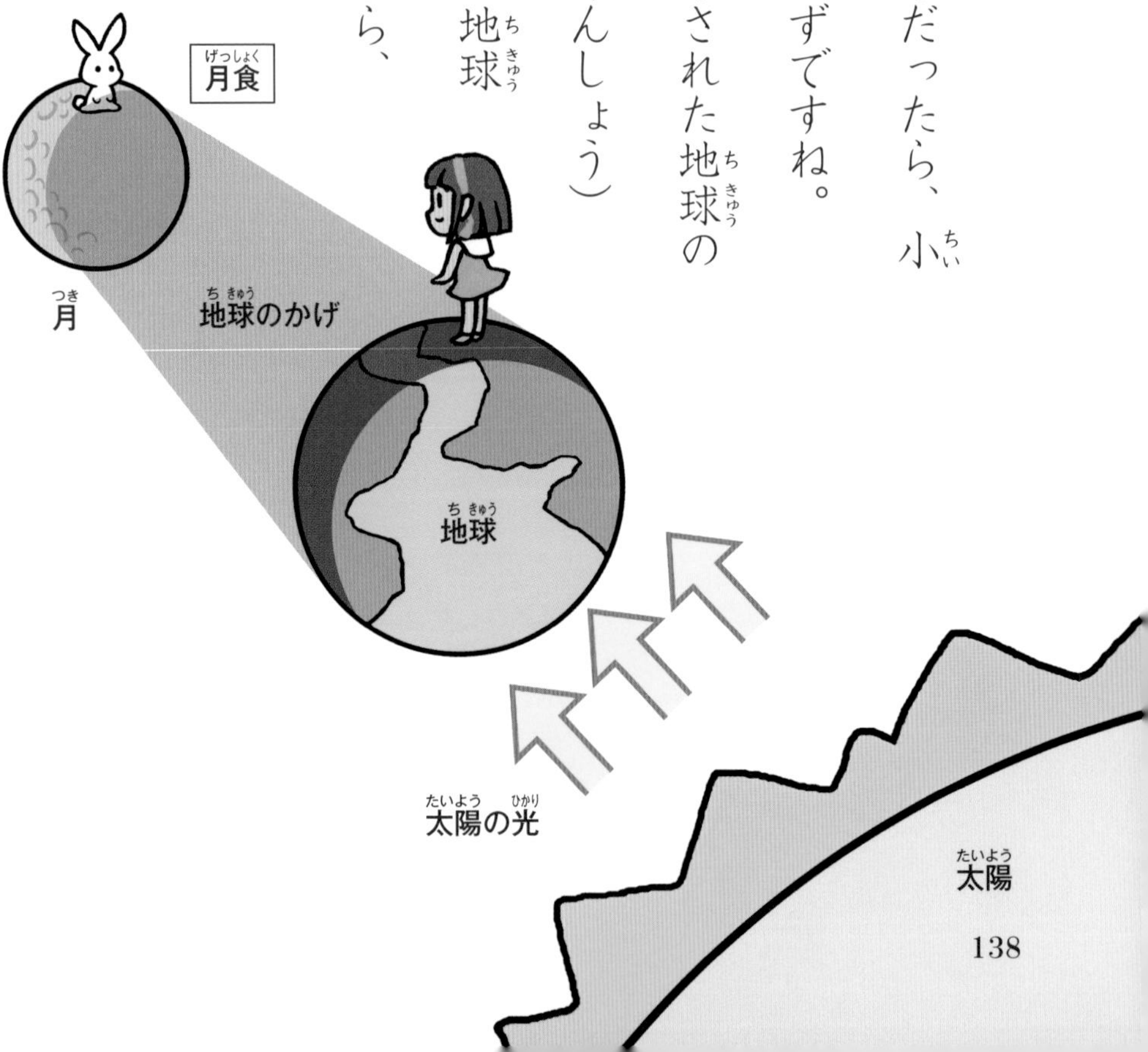

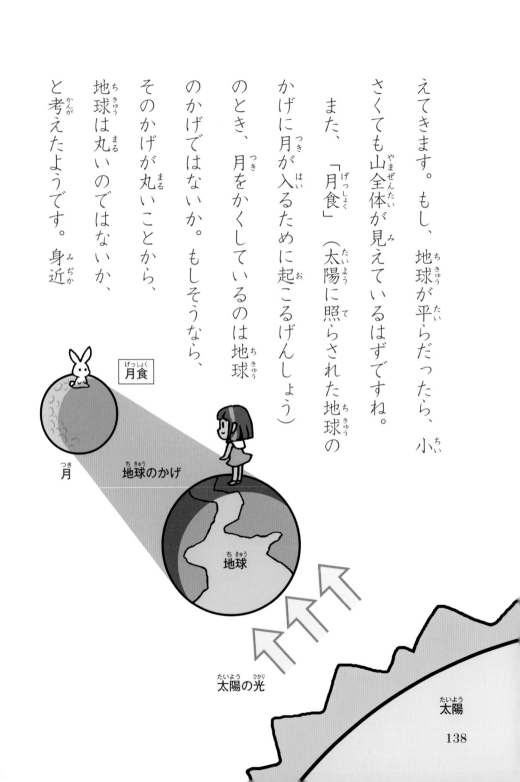

なげんしょうを観察《かんさつ》することで気《き》がつくなんて、昔《むかし》の人《ひと》はすごいですね。

ところで、地球《ちきゅう》は完全《かんぜん》な球《きゅう》ではありません。北極《ほっきょく》と南極方向《なんきょくほうこう》の半径《はんけい》が約六千三百六十《やくろくせんさんびゃくろくじっ》キロメートル、赤道方向《せきどうほうこう》の半径《はんけい》が約六千三百八十《やくろくせんさんびゃくはちじっ》キロメートル。つまり、赤道方向《せきどうほうこう》のほうが、ほんの少《すこ》しだけふくれているのです。それは、地球《ちきゅう》が赤道《せきどう》で時速約千七百《じそくやくせんななひゃく》キロメートルの速《はや》さでくるくると回《まわ》っている（自転《じてん》している）ため、赤道付近《せきどうふきん》が外側《そとがわ》に引《ひ》っぱられているからなのです。

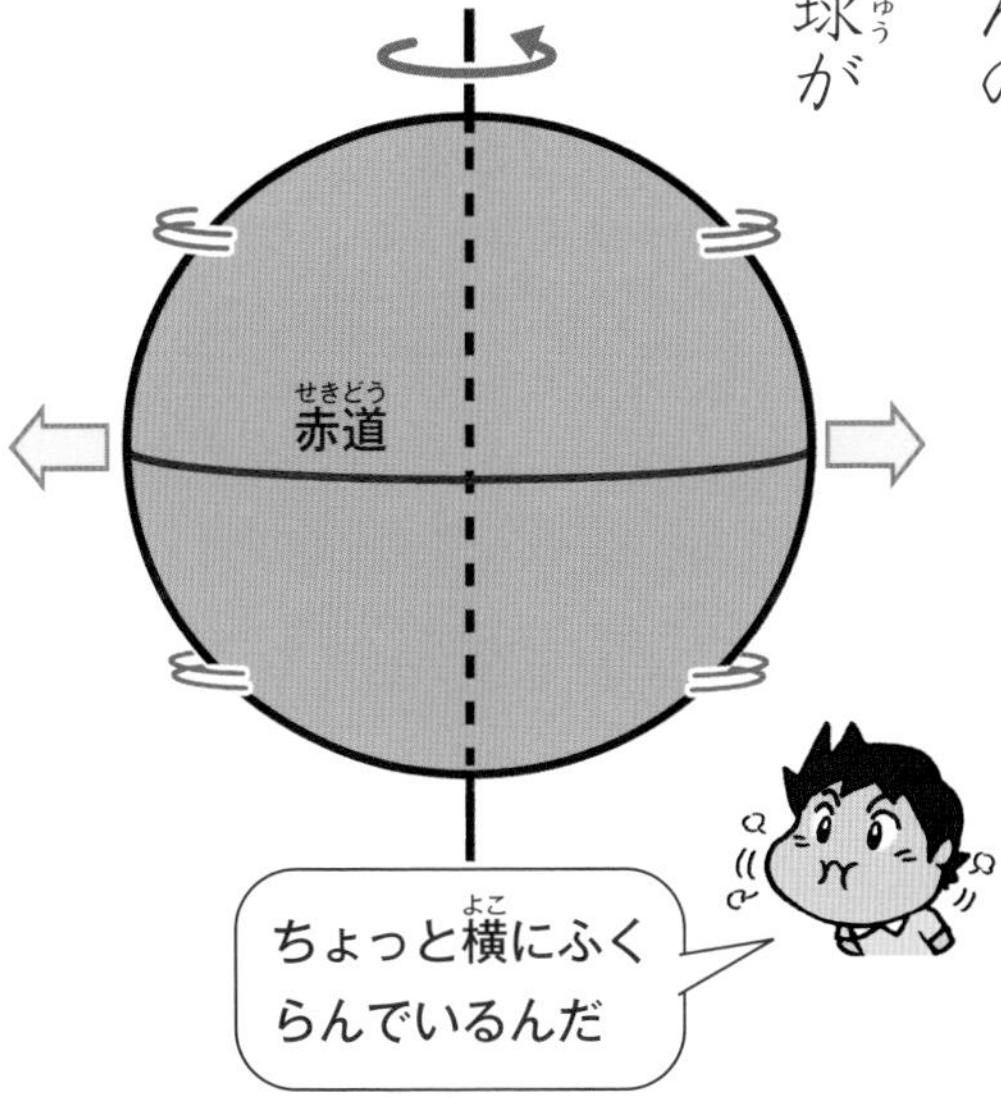

台風《たいふう》は、どうやってできるの？

毎年《まいとし》、台風《たいふう》が日本《にほん》へやってきますね。台風《たいふう》が来《く》ると、強《つよ》い風《かぜ》がふいて、たくさんの雨《あめ》がふってきます。台風《たいふう》は、どこで、どのようにできるのでしょうか。

地球《ちきゅう》を北半球《きたはんきゅう》と南半球《みなみはんきゅう》に半分《はんぶん》に分《わ》ける線《せん》を「赤道《せきどう》」といいます。台風《たいふう》は、その赤道《せきどう》の北側《きたがわ》のあたたかい海《うみ》で、太陽《たいよう》と風《かぜ》によって生《う》みだされるのです。

赤道《せきどう》の近《ちか》くの海《うみ》では、太陽《たいよう》がほぼ真上《まうえ》から照《て》りつけるために、海《うみ》の水《みず》が大量《たいりょう》に温《あたた》められます。温《あたた》められた大量《たいりょう》の水《みず》は、空《そら》に上《あ》がって雲《くも》をつくります。このあたりでは雲《くも》を回転《かいてん》させる力《ちから》がはたらいているため、雲《くも》は回転《かいてん》し、うずとなります。これが台風《たいふう》の赤《あか》ちゃんです。

うずは、あたりのしめった空気《くうき》をさらにまきこんで、どんどん大《おお》きな雲《くも》となり、うずの回転《かいてん》も速《はや》くなっていきます。うずをつくる風《かぜ》の速《はや》さが、一秒間《いちびょうかん》に十七・二《じゅうななてんに》メートルより速《はや》くなると、台風《たいふう》です。時速《じそく》にすると、時速約六十二《じそくやくろくじゅうに》キロメートルになります。車《くるま》が走《はし》る速《はや》さと同《おな》じくらいですから、強《つよ》い風《かぜ》だとわかりますね。

赤道《せきどう》の北側《きたがわ》で生《う》まれた台風《たいふう》は、大《おお》きくなりながら、北《きた》の方《ほう》へやってきます。初《はじ》めはアメリカの方《ほう》からふいてくる風《かぜ》に乗《の》って、フィリピンの方《ほう》へ向《む》かいます。冬《ふゆ》のあいだは、そのまままっすぐ中国《ちゅうごく》の方《ほう》へ行《い》ってしまうことが多《おお》いのですが、夏《なつ》から秋《あき》には、中国《ちゅうごく》の方《ほう》からふく風《かぜ》におされて、

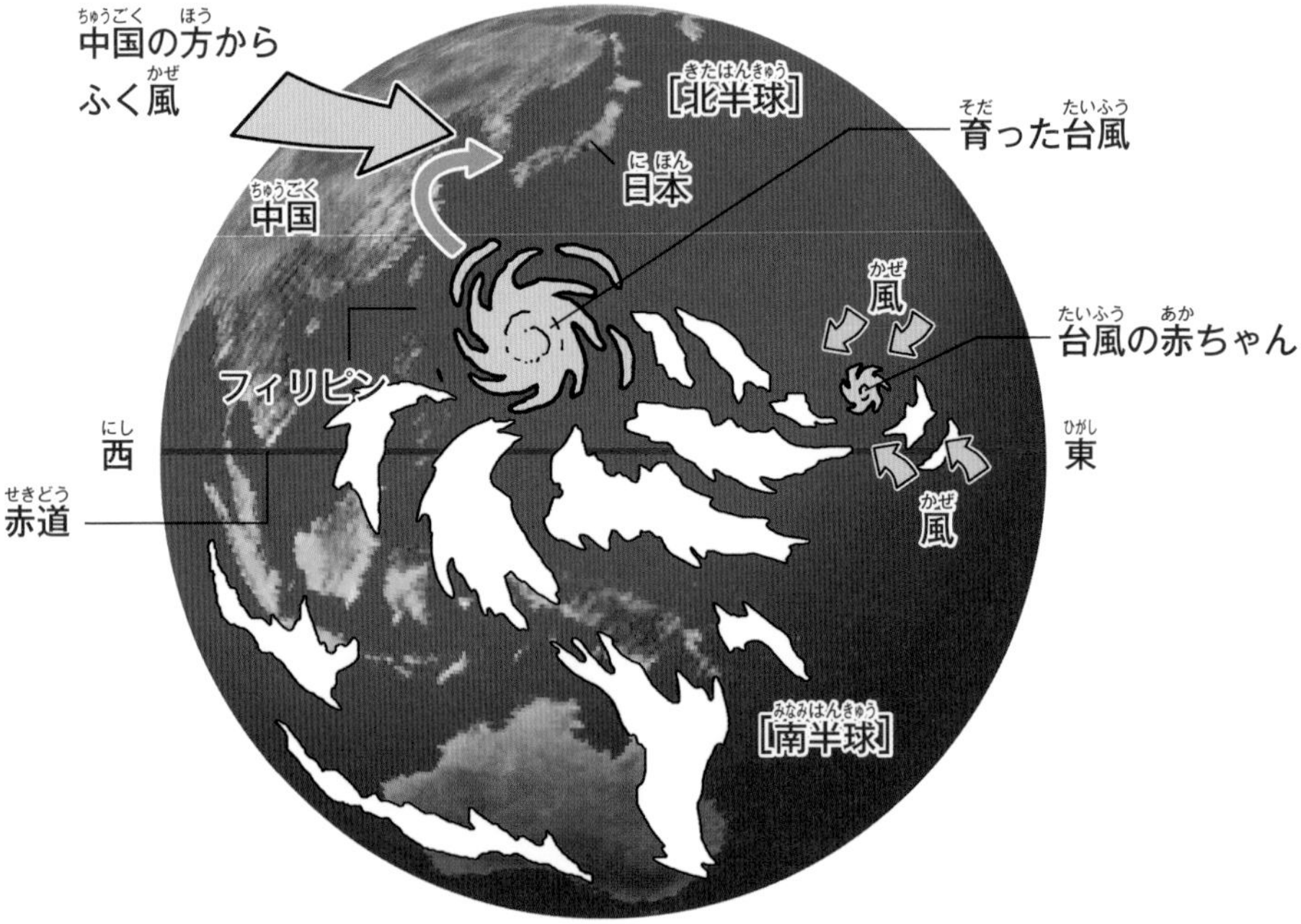

日本《にほん》の方《ほう》へやってきます。だから、夏《なつ》から秋《あき》にかけて、日本《にほん》にくる台風《たいふう》が多《おお》いのですね。

ところで、日本《にほん》へやってくる台風《たいふう》のうずは、全部《ぜんぶ》左回《ひだりまわ》りだって知《し》っていますか？　天気予《てんきよ》ほうを見《み》ていると、気象衛星《きしょうえいせい》の画《が》ぞうが出《で》てくることがありますね。気象衛星《きしょうえいせい》は、地上約三万六千《ちじょうやくさんまんろくせん》キロメートルのうちゅうから、雲《くも》の動《うご》きなどを観測《かんそく》しています。台風《たいふう》の季節《きせつ》になったら、本当《ほんとう》に左回《ひだりまわ》りになっているか、たしかめてみましょう。

地球《ちきゅう》・うちゅうのふしぎ

火《か》山《ざん》は、どうしてふん火《か》するの？

サイダーやコーラなどの炭酸飲料《たんさんいんりょう》を飲《の》もうとして、ふたをあけたら急《きゅう》にふき出《だ》して、びっくりしたことはありませんか？　じつは、火山《かざん》のふん火《か》もこれと同《おな》じようなしくみで起《お》こるのです。

まず、炭酸飲料《たんさんいんりょう》がふき出《だ》すしくみから説明《せつめい》しましょう。炭酸飲料《たんさんいんりょう》を飲《の》むと、口《くち》の中《なか》がぴりぴりとした感《かん》じがしますね。このように感《かん》じるのは、炭酸飲料《たんさんいんりょう》の水《みず》の中《なか》に「二酸化炭素《にさんかたんそ》」というものが、とかしこんであるからです。カンやペットボトルの中《なか》では、二酸化炭素《にさんかたんそ》は水《みず》の中《なか》にしっかりと、とじこめられているのですが、ふたをあけると水《みず》から二酸化炭素《にさんかたんそ》がにげ出《だ》して、あわをつくり、あふれ出《だ》すのです。

では、火山《かざん》のふん火《か》はどうでしょうか。ちょっと火山《かざん》の地下《ちか》をのぞいてみましょう。地面《じめん》の下《した》は、深《ふか》い所《ところ》へ行《い》くほど熱《あつ》くなっています。火山《かざん》の地下《ちか》では、ところどころで岩石《がんせき》がとけて、どろどろの「マグマ」というものになっています。マグマは深《ふか》い地下《ちか》から上《あ》がってき

て、地面《じめん》の近《ちか》くまでやってきます。そして「マグマだまり」というものをつくってたまり、冷《ひ》えていきます。すると、マグマの中《なか》に入《はい》っていた二酸《にさん》化炭《かたん》素《そ》や水《すい》じょう気《き》などのガスが、マグマだまりの上《うえ》のほうに集《あつ》まってきます。ガスは、マグマの中《なか》であわだち、せまいマグマだまりの中《なか》におさまりきれなくなると、岩石《がんせき》をつきやぶって、岩《いわ》と

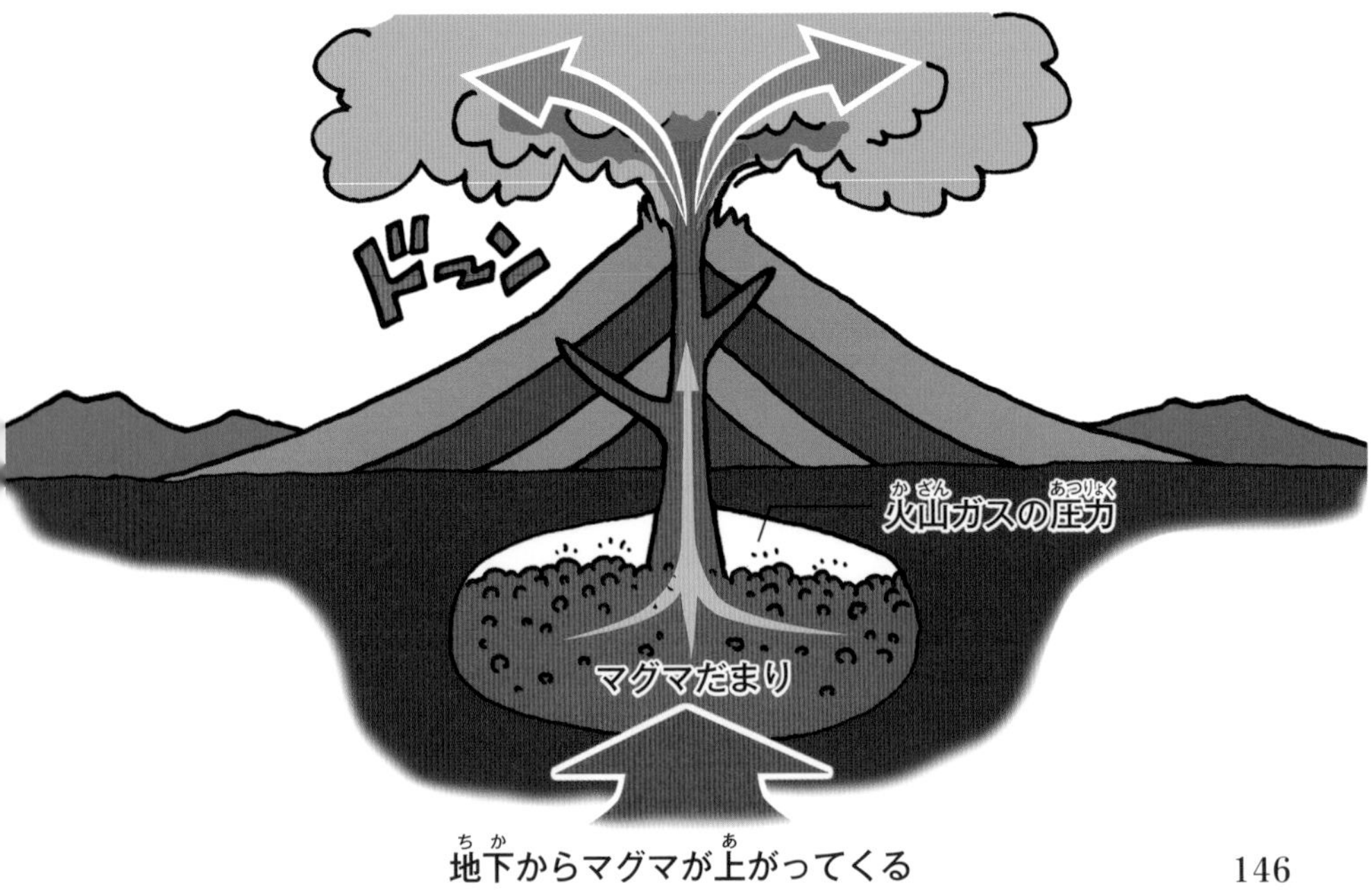
ドッン
火山《かざん》ガスの圧力《あつりょく》
マグマだまり
地下《ちか》からマグマが上《あ》がってくる

いっしょに地表《ちひょう》にふき出《だ》します。こうして、ふん火《か》が起《お》こるのです。ふん火《か》が起《お》こると、ふき上《あ》げられたはいや石《いし》が落《お》ちてきたり、マグマが「よう岩《がん》」となって地面《じめん》をおおったりして、人間《にんげん》のくらしに大《おお》きなひ害《がい》をあたえます。

けれども、やっかいごとばかりではありません。火山《かざん》の近《ちか》くには、たいてい温《おん》せんがありますが、温《おん》せんはマグマの熱《ねつ》が地下水《ちかすい》を温《あたた》めてくれた火山《かざん》のめぐみなのです。また、火山《かざん》の熱《ねつ》を利用《りよう》して、電気《でんき》をつくることもできます。わたしたちは、火山《かざん》のパワーを上手《じょうず》に使《つか》えるようになりたいですね。

地球温暖化《ちきゅうおんだんか》ってなに？ なぜいけないの？

地球温暖化《ちきゅうおんだんか》という言葉《ことば》を、よく聞《き》きますね。「温暖化《おんだんか》」とは、あたたかくなるということです。百年前《ひゃくねんまえ》と今《いま》をくらべると、世界《せかい》の平《へい》きん気温《きおん》は、およそ一度《いちど》高《たか》くなりました。「たった一度《いちど》で、何《なに》が変《か》わるの？」と思《おも》うかもしれませんね。でも、この一度《いちど》が、さまざまな問題《もんだい》を起《お》こしているのです。

たとえば、北極《ほっきょく》では、氷《こおり》がとけています。北極《ほっきょく》には地面《じめん》がありません。

ですから、氷《こおり》がとけると、北極地方《ほっきょくちほう》でくらしているホッキョクグマは、えもののアザラシをかる期間《きかん》が短《みじか》くなってしまいます。このまま氷《こおり》がとけ続《つづ》けると、ホッキョクグマはうえ死《じ》にして一《いっ》ぴき残《のこ》らず、いなくなってしまうかもしれません。

それから、アフリカやオーストラリアなどでは、今《いま》まで雨《あめ》がふっていた所《ところ》で、急《きゅう》に雨《あめ》がふらなくなり、作物《さくもつ》がとれなくなってしまいました。このままでは、食《た》べ物《もの》が足《た》りなくなってしまうかもしれません。いっぽう日本《にほん》では、最近《さいきん》「ゲリラごう雨《う》」といって、せまいはん囲《い》で急《きゅう》にものすごい量《りょう》の雨《あめ》がふったり、台風《たいふう》がたくさんできたりして、こう水《ずい》やがけくずれなどがふえています。こうした気候《きこう》の変化《へんか》も、温暖化《おんだんか》が原《げん》いんで起《お》こっていると考《かんが》えられています。

なぜ地球《ちきゅう》の温度《おんど》は、急《きゅう》に上《あ》がってしまったのでしょうか。どうも原《げん》いんは、人間《にんげん》の活動《かつどう》にあるようなのです。これまでの百年間《ひゃくねんかん》で、人間《にんげん》の生《せい》活《かつ》は大《おお》きく変《か》わりました。地下《ちか》から石炭《せきたん》や石油《せきゆ》をとり出《だ》してもやし、自《じ》動車《どうしゃ》を動《うご》かしたり、電気《でんき》をつくったりしてきました。それから、食《た》べ物《もの》をつくるために、たくさんの森《もり》の木《き》を切《き》って畑《はたけ》にしました。便利《べんり》なくらしのために、人間《にんげん》は、地球《ちきゅう》が何十億年《なんじゅうおくねん》もかかってつくってきた自然《しぜん》のバランスをこわしてしまっているのです。

今《いま》、地球《ちきゅう》には、約八十億《やくはちじゅうおく》の人《ひと》がくらしています。今《いま》までに、こんなに人間《にんげん》がふえたことはありません。みんながいつまでもこの地球《ちきゅう》でくらしていくためには、今《いま》までにないアイデアが必要《ひつよう》です。

だから、何回《なんかい》も国際会議《こくさいかいぎ》を開《ひら》いて、世界中《せかいじゅう》で「地球温暖化《ちきゅうおんだんか》」が何《なに》を引《ひ》き起《お》こしているのかをほうこくし合《あ》い、どうしたらいいか、ちえをしぼっているのです。

北極《ほっきょく》の氷《こおり》がとける
工場《こうじょう》からのガス
森《もり》の木《き》を切《き》る
いじょう気《き》しょう
たくさんの車《くるま》
動物《どうぶつ》がすめない

地球《ちきゅう》の中《なか》は、どうなっているの？

地面《じめん》を真下《ました》にほっていくとしましょう。地球《ちきゅう》は内側《うちがわ》にいくほど、だんだんと熱《あつ》くなっています。地下《ちか》約百《やくひゃく》キロメートルで千度《せんど》以上《いじょう》にもなり、そして地球《ちきゅう》の中心《ちゅうしん》、約六千四百《やくろくせんよんひゃく》キロメートルの温度《おんど》は、およそ六千度《ろくせんど》もあります。

地球《ちきゅう》の中心《ちゅうしん》には、「核《かく》」とよばれる鉄《てつ》の玉《たま》があると考《かんが》えられています。

しかし、地球《ちきゅう》の中心《ちゅうしん》を見《み》た人《ひと》は、まだだれもいません。地球全体《ちきゅうぜんたい》の重《おも》さから計算《けいさん》したり、地球《ちきゅう》が磁石《じしゃく》になっていることなどから「きっと鉄《てつ》だろう」と、考《かんが》えられているだけなのです。

もっと浅《あさ》い所《ところ》なら、もう少《すこ》しよくわかっています。地面《じめん》は、土《つち》でできていますね。その下《した》にはかたい岩《いわ》があって、約二千九百《やくにせんきゅうひゃく》キロメートルの深《ふか》さまで、ずっと岩《いわ》が続《つづ》いています。

この岩《いわ》の部分《ぶぶん》は、上《うえ》のほうと下《した》のほうで岩石《がんせき》の種類《しゅるい》がちがいます。上《うえ》のほうは「地《ち》かく」といって、主《おも》にげんぶ岩《がん》や花《か》こう岩《がん》という岩石《がんせき》でできています。下《した》のほうは、かんらん岩《がん》という岩石《がんせき》でできていて、「マントル」といいます。マントルはゆっくりと動《うご》いています。

岩石《がんせき》が動《うご》くとはちょっと信《しん》じられないかもしれませんね。かんらん岩《がん》は主《おも》にかんらん石《せき》でできています。かんらん石《せき》はペリドットという、ほう石《せき》になる緑色《みどりいろ》の石《いし》です。ほう石《せき》のような石《いし》でできた岩《いわ》がゆっくりと動《うご》いている、そんな世《せ》界《かい》を見《み》ることができたら、きれいでしょうね。

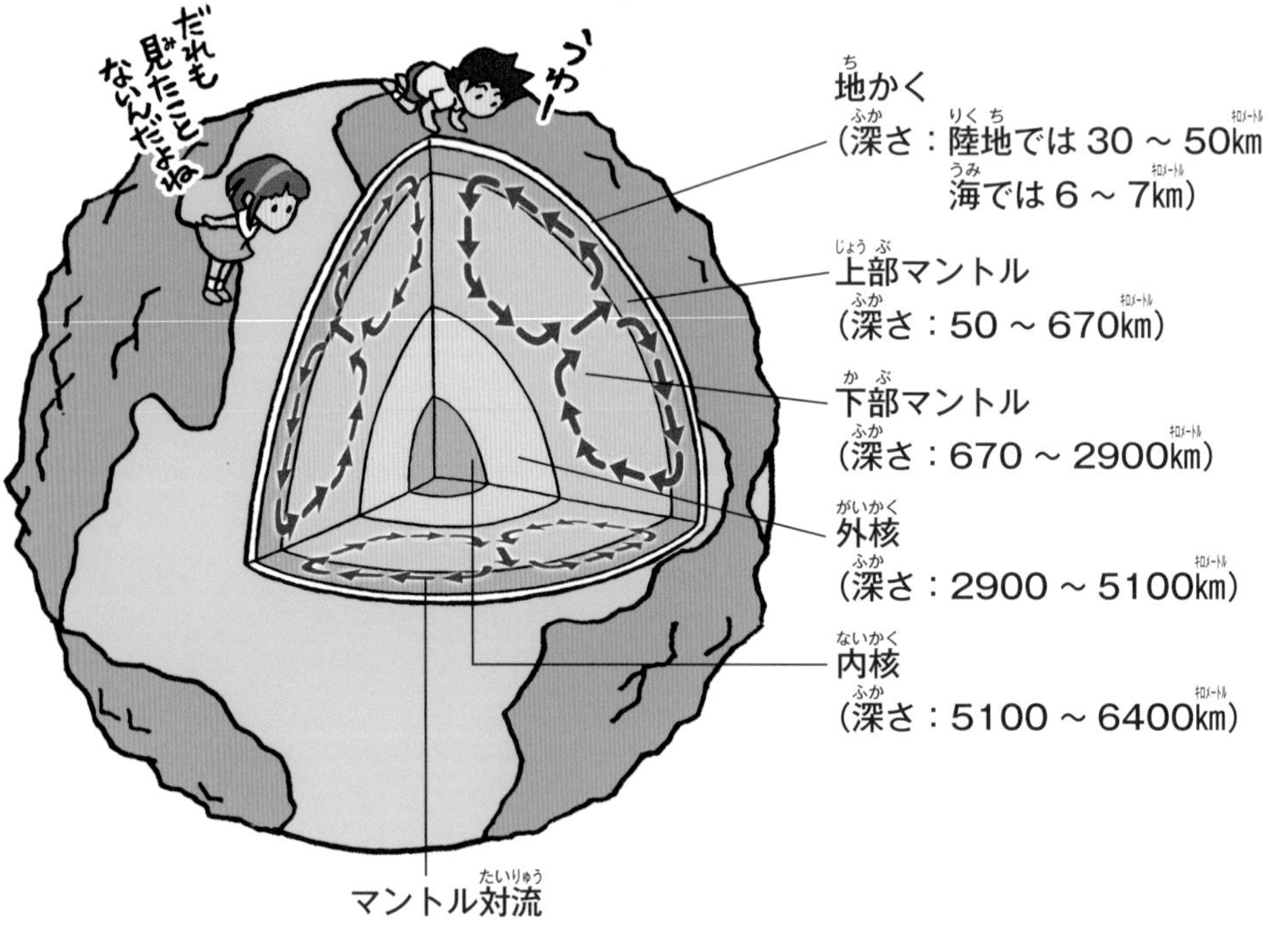

だれも見《み》たことないんだよね
うわー
地《ち》かく
(深《ふか》さ：陸地《りくち》では30～50km《キロメートル》
海《うみ》では6～7km《キロメートル》)
上部《じょうぶ》マントル
(深《ふか》さ：50～670km《キロメートル》)
下部《かぶ》マントル
(深《ふか》さ：670～2900km《キロメートル》)
外核《がいかく》
(深《ふか》さ：2900～5100km《キロメートル》)
内核《ないかく》
(深《ふか》さ：5100～6400km《キロメートル》)
マントル対流《たいりゅう》

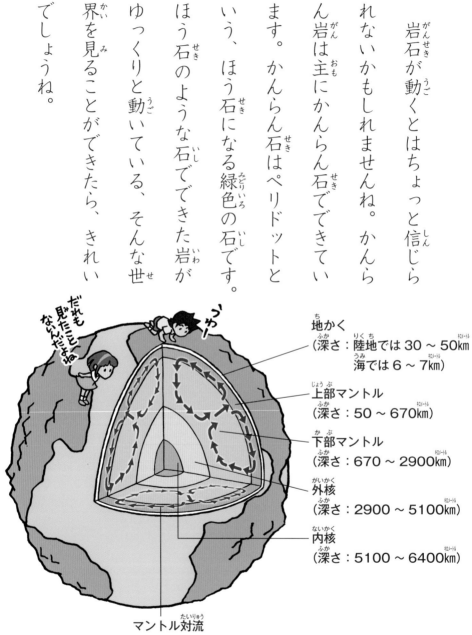

地球《ちきゅう》の中《なか》が熱《あつ》いのは、地球《ちきゅう》が活動《かつどう》しているしょうこです。人《ひと》のからだの中《なか》を血《ち》が回《まわ》っているように、地球《ちきゅう》の中《なか》でもマントルがゆっくりですが、動《うご》いています。また、人間《にんげん》があせをかいてからだの中《なか》の熱《ねつ》を外《そと》に出《だ》すのと同《おな》じように、地球《ちきゅう》も熱《ねつ》を外《そと》に出《だ》しています。火山《かざん》のふん火《か》は、そうしたはたらきのひとつです。ふん火《か》で出《で》るよう岩《がん》やガスは、地球《ちきゅう》のあせといえるかもしれません。世界《せかい》にはたくさんの火山《かざん》がありますから、地球《ちきゅう》はすごくあせっかきなのかもしれませんね。

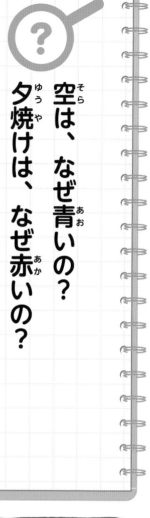

空《そら》は、なぜ青《あお》いの？夕焼《ゆうや》けは、なぜ赤《あか》いの？

お天気《てんき》がいい日《ひ》の空《そら》は、青《あお》くて気持《きも》ちがいいですね。まるで、青色《あおいろ》の絵《え》の具《ぐ》で空《そら》をぬったようです。空《そら》が青《あお》いのは、太陽《たいよう》の光《ひかり》が関係《かんけい》しているんですよ。

太陽《たいよう》の光《ひかり》は、白《しろ》く見《み》えるけれど、いろいろな色《いろ》の光《ひかり》がまざっているのです。いろいろな色《いろ》の光《ひかり》がまざると、白《しろ》っぽい色《いろ》の光《ひかり》になるのです。

さて、太陽《たいよう》から出《で》た光《ひかり》は、うちゅう空間《くうかん》を通《とお》って、地球《ちきゅう》にやってきます。地球《ちきゅう》の周《まわ》りには空気《くうき》があるので、太陽《たいよう》の光《ひかり》は、空気《くうき》にぶつかります。すると、太陽《たいよう》の光《ひかり》の中《なか》の青《あお》っぽい色《いろ》の光《ひかり》は、空気《くうき》にはねかえされ、いろいろな方向《ほうこう》に飛《と》んでいきます。あちこちに飛《と》んだ青《あお》っぽい光《ひかり》が、わたしたちの目《め》にとどくので、空《そら》は青《あお》く見《み》えるのです。

では、夕焼《ゆうや》けが赤《あか》く見《み》えるのは、なぜでしょう。

昼間《ひるま》の太陽《たいよう》は、

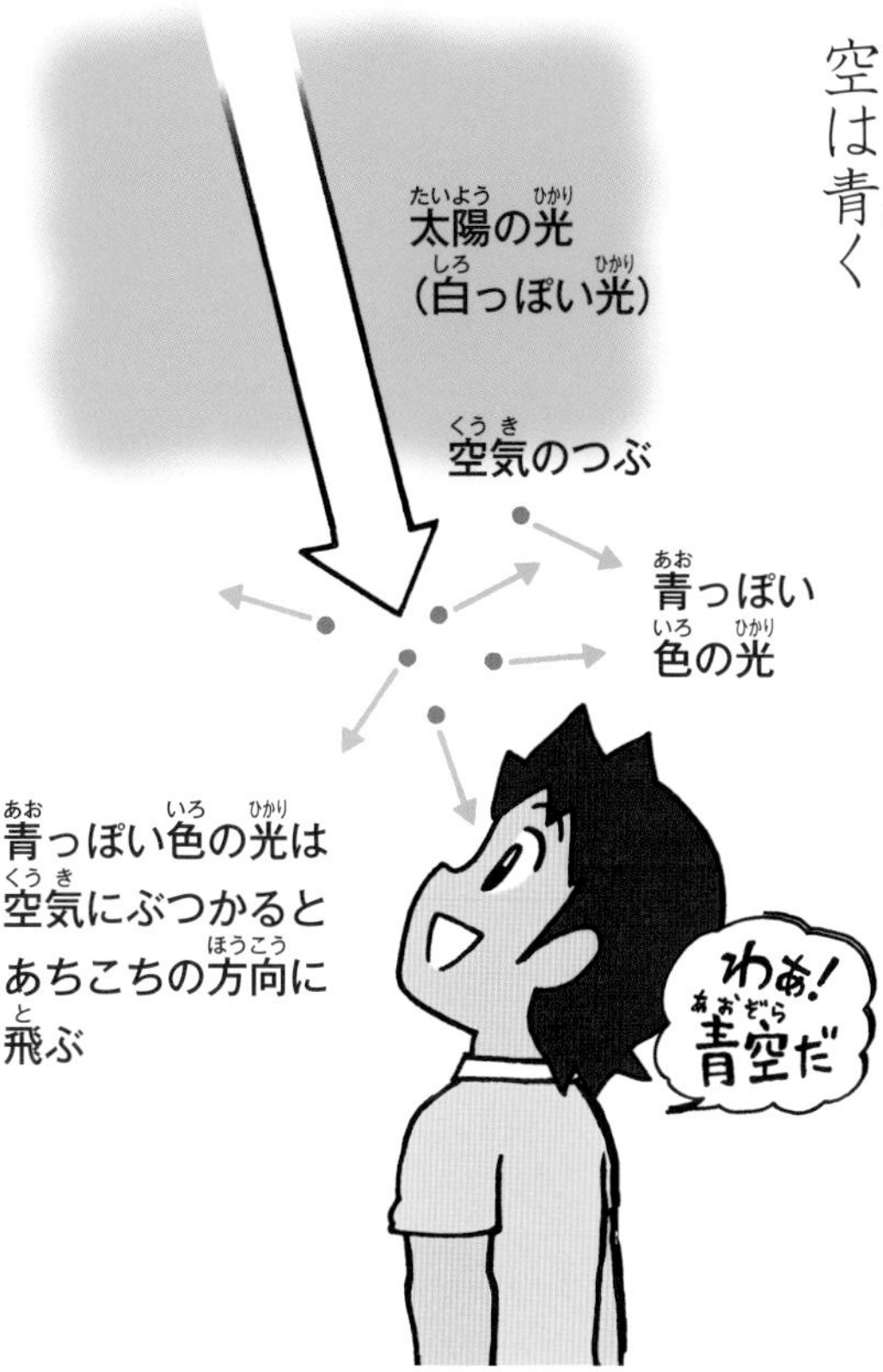
太陽《たいよう》の光《ひかり》
（白《しろ》っぽい光《ひかり》）
空気《くうき》のつぶ
青《あお》っぽい
色《いろ》の光《ひかり》
青《あお》っぽい色《いろ》の光《ひかり》は
空気《くうき》にぶつかると
あちこちの方向《ほうこう》に
飛《と》ぶ
わあ！
青空《あおぞら》だ

高《たか》い所《ところ》で光《ひか》っているけれど、夕《ゆう》方《がた》になると、太陽《たいよう》は、空《そら》の低《ひく》い位置《いち》にい・動《どう》していますね。夕方《ゆうがた》の太陽《たいよう》の光《ひかり》は、空気《くうき》の中《なか》を昼間《ひるま》より長《なが》いきょりを通《とお》って、わたしたちのところにやってきます。青《あお》い光《ひかり》は、空気《くうき》にははねかえされているので、わたしたちの目《め》にはとどきません。

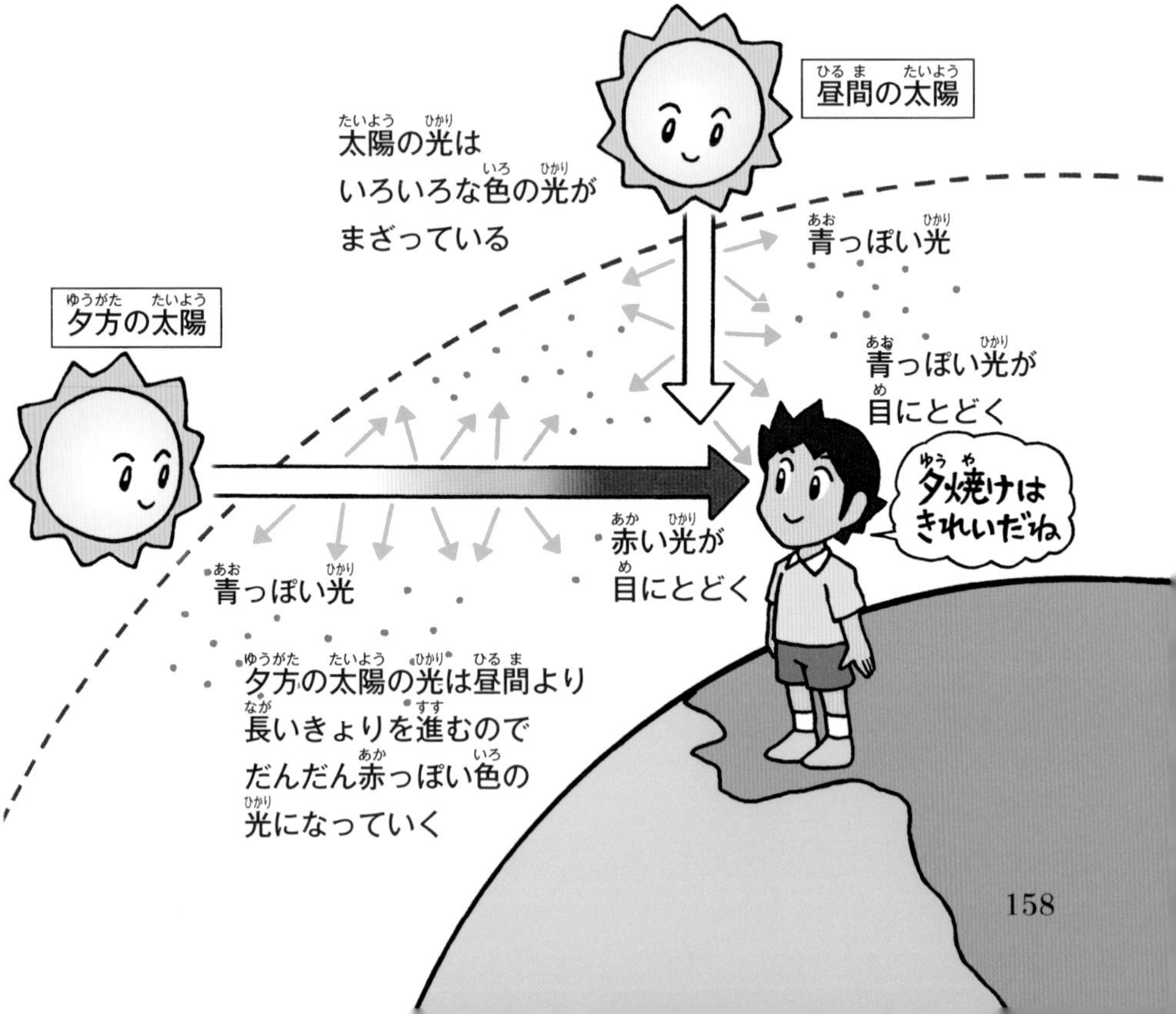
昼間《ひるま》の太陽《たいよう》
太陽《たいよう》の光《ひかり》は
いろいろな色《いろ》の光《ひかり》が
まざっている
青《あお》っぽい光《ひかり》
青《あお》っぽい光《ひかり》が
目《め》にとどく
夕方《ゆうがた》の太陽《たいよう》
夕焼《ゆうや》けは
きれいだね
赤《あか》い光《ひかり》が
目《め》にとどく
青《あお》っぽい光《ひかり》
夕方《ゆうがた》の太陽《たいよう》の光《ひかり》は昼間《ひるま》より
長《なが》いきょりを進《すす》むので
だんだん赤《あか》っぽい色《いろ》の
光《ひかり》になっていく

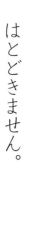

でも、赤《あか》っぽい光《ひかり》は、空気《くうき》にぶつかっても、あまりはね返《かえ》されないで、空気《くうき》の中《なか》をまっすぐに進《すす》み、遠《とお》くまでとどきます。その赤《あか》っぽい光《ひかり》が、わたしたちの目《め》までとどくので、夕焼《ゆうや》けが赤《あか》く見《み》えるのですよ。

どうして地球《ちきゅう》は、太陽《たいよう》の周《まわ》りを回《まわ》っているの？

昔《むかし》の人《ひと》は、太陽《たいよう》が朝《あさ》になると東《ひがし》から上《のぼ》り、ぐるりと空《そら》を回《まわ》って、夕方《ゆうがた》には西《にし》にしずんでいく様子《ようす》を見《み》て、太陽《たいよう》が地球《ちきゅう》の周《まわ》りを回《まわ》っていると考《かんが》えていました。みなさんのなかにも、「太陽《たいよう》が回《まわ》っているんじゃないの？」っていう人《ひと》がいるかもしれませんね。でも本当《ほんとう》は、太陽《たいよう》は真《ま》ん中《なか》にいて、地球《ちきゅう》がその周《まわ》りを回《まわ》っているのです。いつから地球《ちきゅう》は、太陽《たいよう》の周《まわ》りを回《まわ》りはじめたのでしょうか。それには、まず太陽《たいよう》が生《う》まれたころ

のお話《はなし》からはじめましょう。

　昔《むかし》むかし、太陽《たいよう》がまだなかったころ、うちゅうには、もやもやとしたガスやちりがただよっていました。あるとき、ガスやちりが、一《いっ》か所《しょ》に集《あつ》まりはじめ、回転《かいてん》しながら近《ちか》くのガスやちりを集《あつ》めていきました。一《いち》度《ど》集《あつ》まりはじめると、もっと多《おお》くのガスやちりが集《あつ》まり、そうして、真《ま》ん中《なか》に太陽《たいよう》ができたのです。

　やがて、太陽《たいよう》の周《まわ》りを回転《かいてん》していたガスやちりのなかから、地球《ちきゅう》が生《う》まれました。だから、地球《ちきゅう》は生《う》まれる前《まえ》から、太陽《たいよう》の周《まわ》りを回《まわ》っていたのですよ。

ところで、おわんの中《なか》にビー玉《だま》を入《い》れて、おわんをゆっくり回《まわ》して、ビー玉《だま》を回転《かいてん》させてみてください。あんまり速《はや》く回《まわ》すと、ビー玉《だま》はおわんの外《そと》へ飛《と》んでいってしまいます。ぎゃくに、あんまりゆっくりすぎると、今度《こんど》はおわんの底《そこ》に落《お》ちてしまいます。ビー玉《だま》をちょうどよい速《はや》さで回転《かいてん》させると、いつまでもおわんの中《なか》を回《まわ》っていられます。

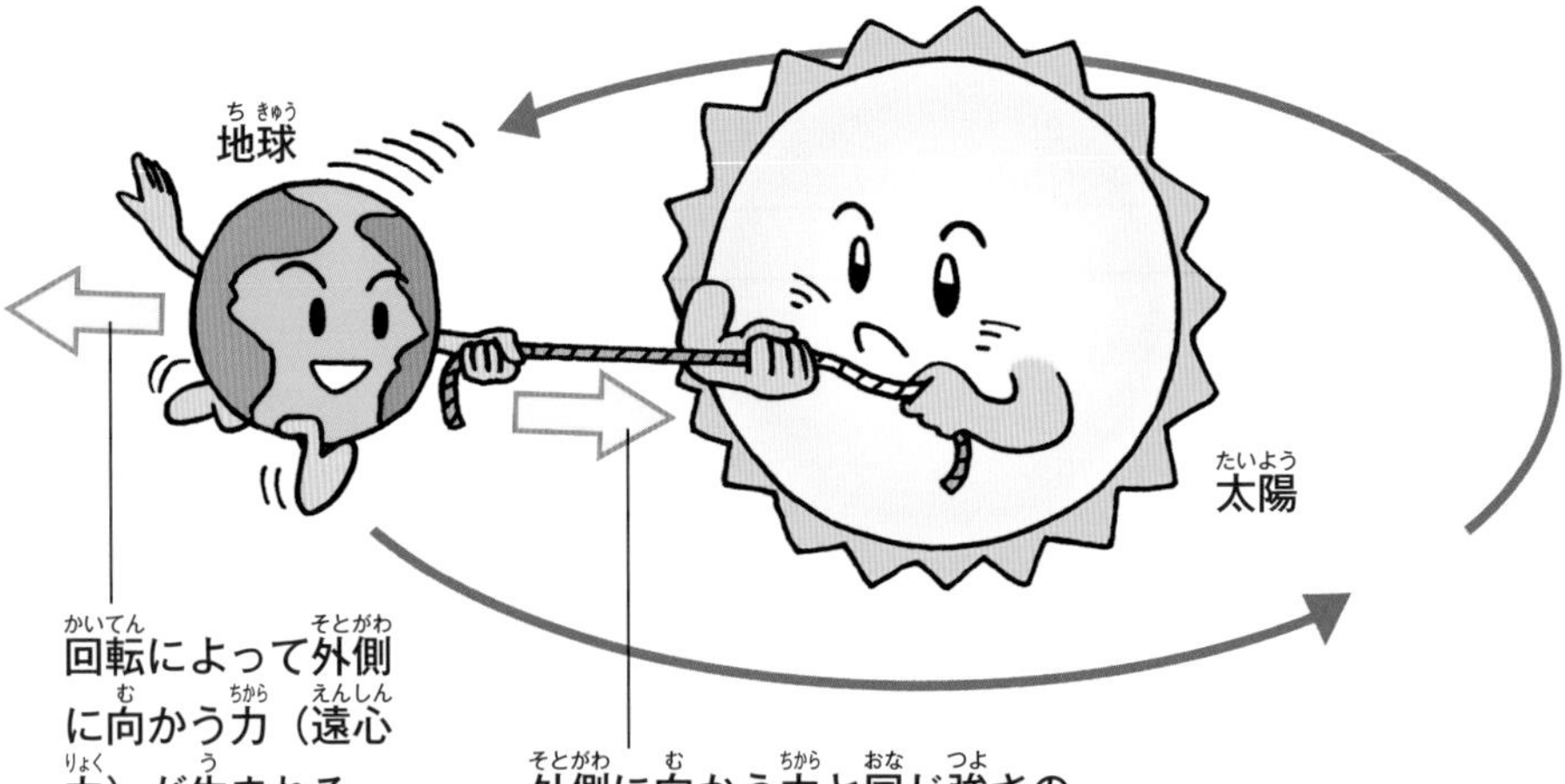
地球《ちきゅう》
太陽《たいよう》
回転《かいてん》によって外側《そとがわ》に向《む》かう力《ちから》（遠心《えんしん》力《りょく》）が生《う》まれる
外側《そとがわ》に向《む》かう力《ちから》と同《おな》じ強《つよ》さの力《ちから》（引力《いんりょく》）で太陽《たいよう》が引《ひ》っぱる

同《おな》じように、地球《ちきゅう》も太陽《たいよう》の周《まわ》りを回《まわ》っていることで、外側《そとがわ》に向《む》かう力《ちから》と、太陽《たいよう》から引《ひ》っぱられる力《ちから》とのつり合《あ》いがとれて、いつまでも回《まわ》っていられるのです。もし、地球《ちきゅう》が太陽《たいよう》の周《まわ》りを回《まわ》るのを急《きゅう》にやめたら、太《たい》陽《よう》に引《ひ》っぱられて、地球《ちきゅう》は太陽《たいよう》の中《なか》でもえつきてしまうでしょう。

今《いま》、太陽《たいよう》と地球《ちきゅう》ができてから、およそ四十六億年《よんじゅうろくおくねん》がたちました。地球《ちきゅう》は、こんなに長《なが》いあいだ太陽《たいよう》の周《まわ》りを回《まわ》っていて、止《と》まってしまうことはないのでしょうか。それは、大丈夫《だいじょうぶ》。うちゅうでは空気《くうき》がないために、一度《いちど》はじまった動《うご》きは、いつまでも続《つづ》きます。だから、地球《ちきゅう》が太陽《たいよう》の周《まわ》りを回《まわ》るのをやめることはないのですよ。

たん生日《じょうび》に、自分《じぶん》の星座《せいざ》は見《み》られるの？

星《ほし》うらないを信《しん》じますか？　信《しん》じていない人《ひと》でも、自分《じぶん》のたん生日《じょうび》の星座《せいざ》は知《し》っていますよね。うらないですから、もちろん科学的《かがくてき》な理由《りゆう》はありませんが、星《ほし》うらないは、生《う》まれた日《ひ》によって星座《せいざ》が決《き》まっていて、星座《せいざ》ごとにせいかくや運命《うんめい》をうらなうものです。

だから、たん生日《じょうび》には自分《じぶん》の星座《せいざ》が見《み》えるって思《おも》いませんか？　でも、じつは見《み》えないのです。

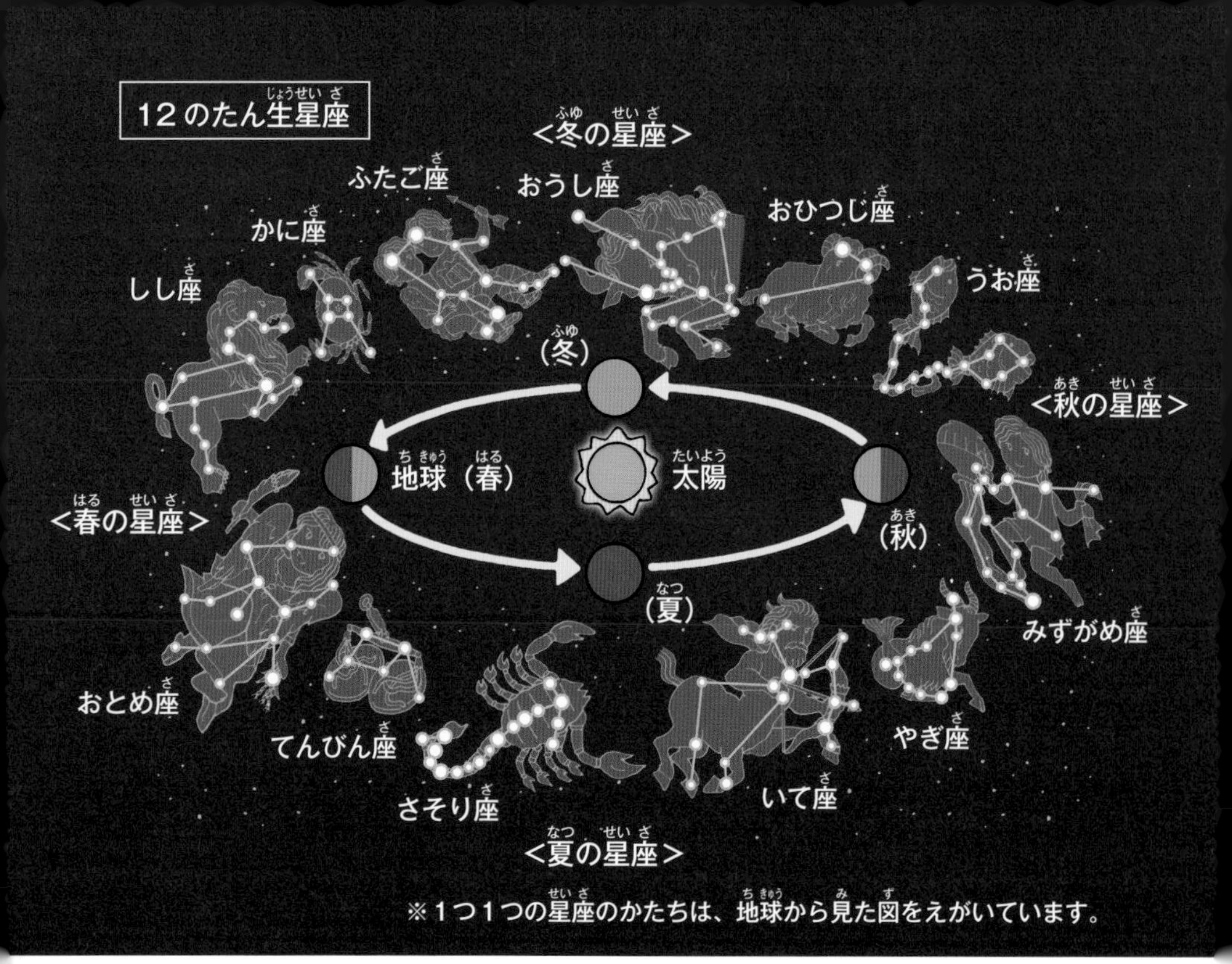

十二《じゅうに》のたん生星座《じょうせいざ》は、もともと自分《じぶん》が生《う》まれたときに、太陽《たいよう》がどの星座《せいざ》にあったかで決《き》められています。でも太陽《たいよう》があるときは、昼《ひる》になってしまうので、星《ほし》が見《み》えません。だから、自分《じぶん》のたん生星座《じょうせいざ》を空《そら》で見《み》つけようと思《おも》ったら、春《はる》生《う》まれの人《ひと》は秋《あき》に、夏《なつ》生《う》まれの人《ひと》は冬《ふゆ》に、とい

うふうに反対《はんたい》の季節《きせつ》でさがしてみましょう。

太陽《たいよう》がない方向《ほうこう》にある星座《せいざ》が、その季節《きせつ》に見《み》える星座《せいざ》です。地球《ちきゅう》が太陽《たいよう》の周《まわ》りを回《まわ》りながら一年《いちねん》かけて位置《いち》を変《か》えていくのにつれて、見《み》える星座《せいざ》も変《か》わっていくのです。だから昔《むかし》の人《ひと》びとは、カレンダーがなくても星座《せいざ》のうつり変《か》わりを見《み》て、作物《さくもつ》の種《たね》まきや、かり取《と》りの季節《きせつ》が来《き》たと知《し》ることができました。

星座《せいざ》が便利《べんり》なことは、ほかにもあります。

北極星《ほっきょくせい》のさがし方《かた》

（図《ず》は夜《よる》８時《じ》ころに見《み》える様子《ようす》）

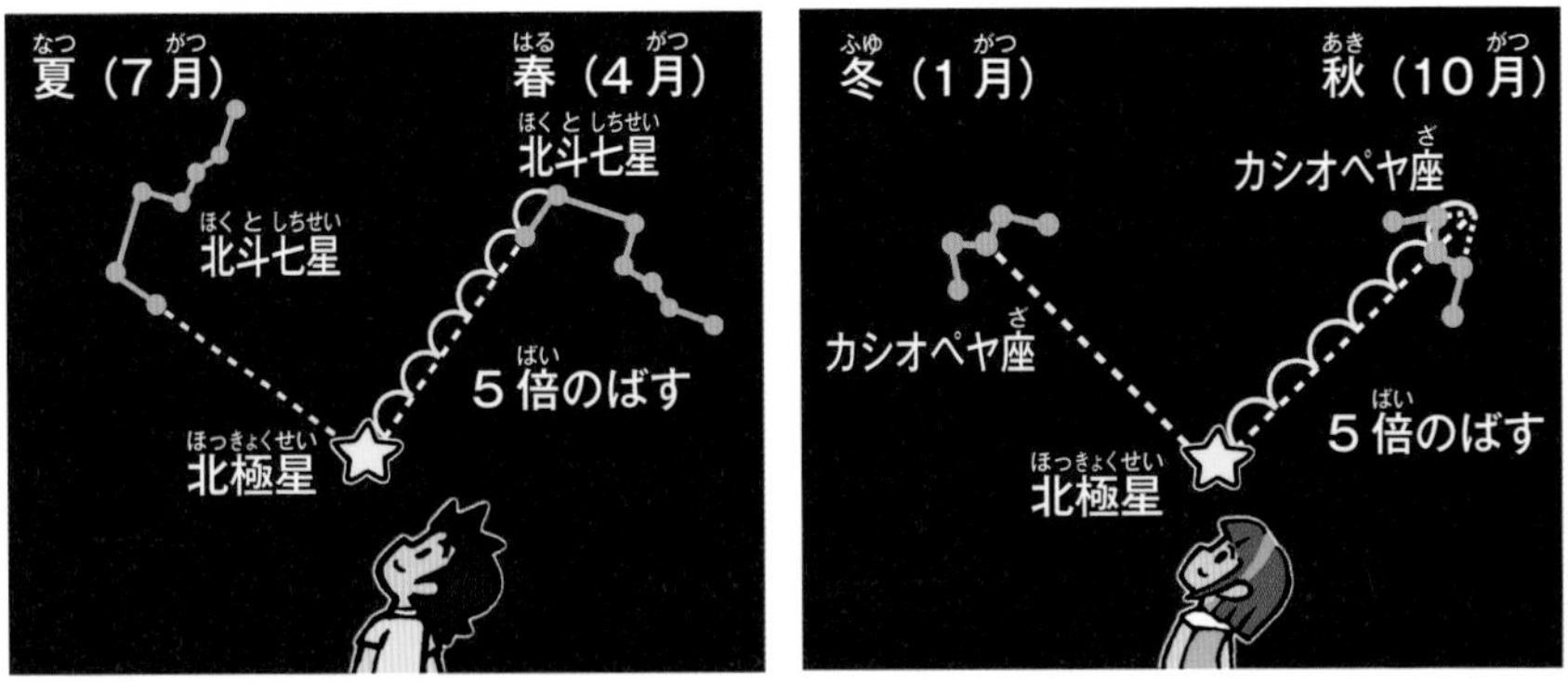
夏《なつ》（7月《がつ》）
春《はる》（4月《がつ》）
北斗七星《ほくとしちせい》
北斗七星《ほくとしちせい》
5倍《ばい》のばす
北極星《ほっきょくせい》
冬《ふゆ》（1月《がつ》）
秋《あき》（10月《がつ》）
カシオペヤ座《ざ》
カシオペヤ座《ざ》
5倍《ばい》のばす
北極星《ほっきょくせい》

春《はる》と夏《なつ》は北斗七星《ほくとしちせい》から、秋《あき》と冬《ふゆ》はカシオペヤ座《ざ》から北極星《ほっきょくせい》をさがしましょう方角《ほうがく》がわかるのです。「北極星《ほっきょくせい》」という星《ほし》の名前《なまえ》を聞《き》いたことがありませんか？　北極星《ほっきょくせい》はこぐま座《ざ》のこぐまのしっぽの先《さき》にある星《ほし》で、一年中《いちねんじゅう》ほぼ北《きた》にあります。だから北極星《ほっきょくせい》のさがし方《かた》がわかると、北《きた》の方角《ほうがく》がわかります。北《きた》がわかれば、北《きた》を向《む》いたときの背中《せなか》の方角《ほうがく》が南《みなみ》、右《みぎ》が東《ひがし》、左《ひだり》が西《にし》だとわかります。一《ひと》つの星《ほし》で、方位《ほうい》がわかってしまうのですね。

北極星《ほっきょくせい》を見《み》つけるには、北斗七星《ほくとしちせい》とカシオペヤ座《ざ》からさがすのが便利《べんり》です。北斗七星《ほくとしちせい》は、春《はる》から夏《なつ》にかけて高《たか》い空《そら》で見《み》られます。カシオペヤ座《ざ》は、アルファベットのM《エム》の形《かたち》をした星座《せいざ》で、秋《あき》から冬《ふゆ》に見《み》やすくなります。

日食《にっしょく》・月食《げっしょく》って、なに？

「日食《にっしょく》」は、太陽《たいよう》がだんだん欠《か》けていくように見《み》える、げんしょうです。地球《ちきゅう》から見《み》て、太陽《たいよう》の前《まえ》を月《つき》が横切《よこぎ》るときに、月《つき》がじょじょに太陽《たいよう》をかくしていきます。そのため、太陽《たいよう》が欠《か》けていくように見《み》えるのです。

なぜ、そのようなことが起《お》こるのでしょうか？

地球《ちきゅう》は、太陽《たいよう》の周《まわ》りを回《まわ》っています。月《つき》も、地球《ちきゅう》の周《まわ》りを回《まわ》っています。

日食《にっしょく》は、太陽《たいよう》、月《つき》、地球《ちきゅう》の順番《じゅんばん》で、一直線《いっちょくせん》にならんだときに起《お》こります。

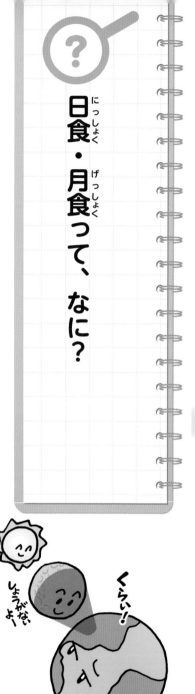

太陽《たいよう》が、月《つき》に全部《ぜんぶ》おおいかくされたときは「皆既日食《かいきにっしょく》」、太陽《たいよう》のふちだけかくされずに、指輪《ゆびわ》（リング）のように見《み》えるときは「金環日食《きんかんにっしょく》」とよびます。日本《にほん》では「皆既日食《かいきにっしょく》」が二〇三五年《ねん》に本州《ほんしゅう》の一部《いちぶ》で、「金環日食《きんかんにっしょく》」が二〇三〇年《ねん》に北海道《ほっかいどう》で見《み》られますよ。

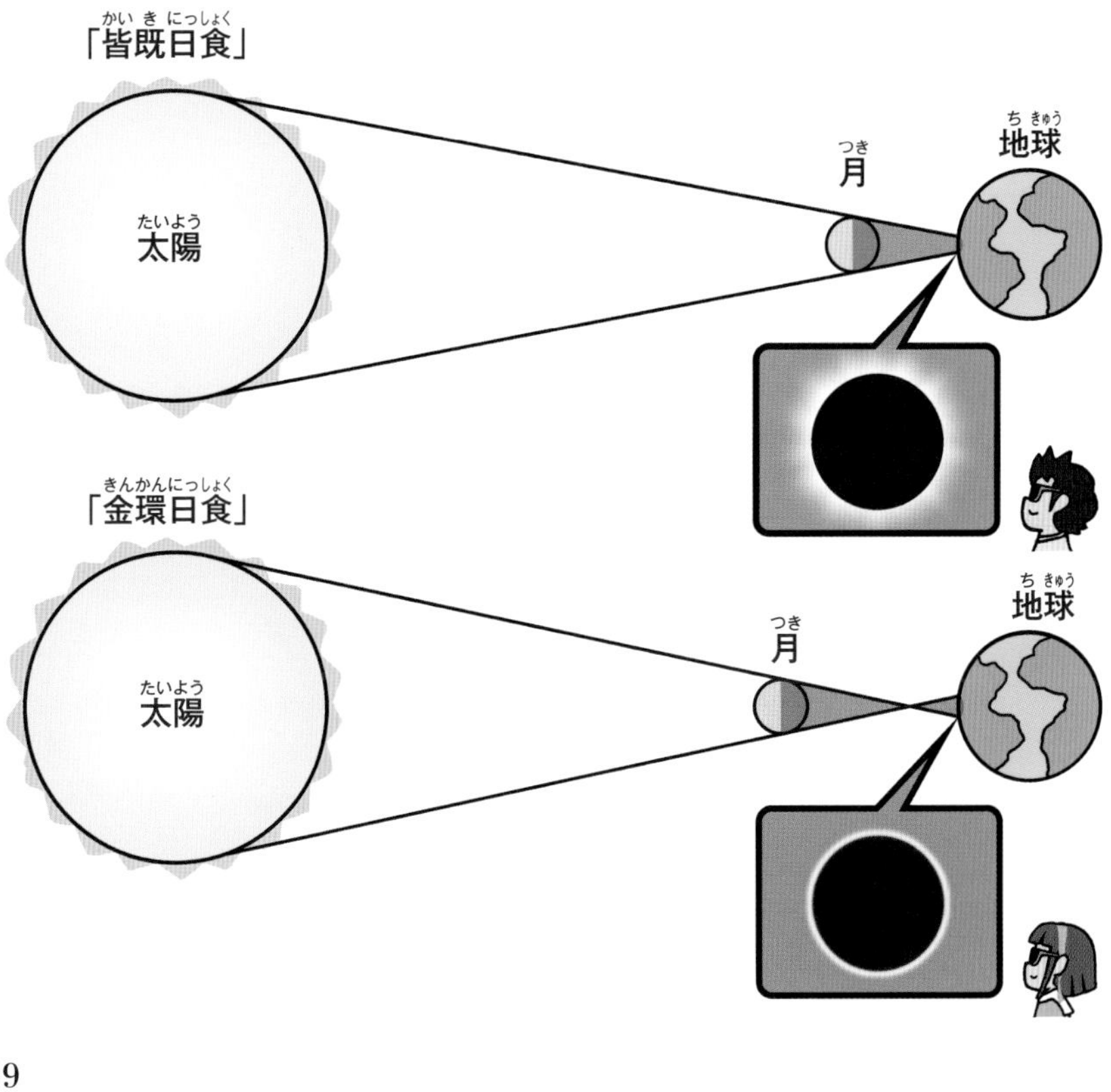

いっぽう「月食《げっしょく》」は、月《つき》がだんだん欠《か》けていくように見《み》えるげんしょうです。

今度《こんど》は、太陽《たいよう》、地球《ちきゅう》、月《つき》の順番《じゅんばん》で、一《いっ》直線《ちょくせん》にならぶと、月食《げっしょく》が起《お》こります。

自分《じぶん》の後《うし》ろから光《ひかり》に照《て》らされると、かげは自分《じぶん》の前《まえ》にできますね。それと同《おな》じように、地球《ちきゅう》が後《うし》ろから太陽《たいよう》に照《て》らされると、地球《ちきゅう》のかげができるのです。

その地球《ちきゅう》のかげに月《つき》が入《はい》るので、地球《ちきゅう》

「皆既月食《かいきげっしょく》」

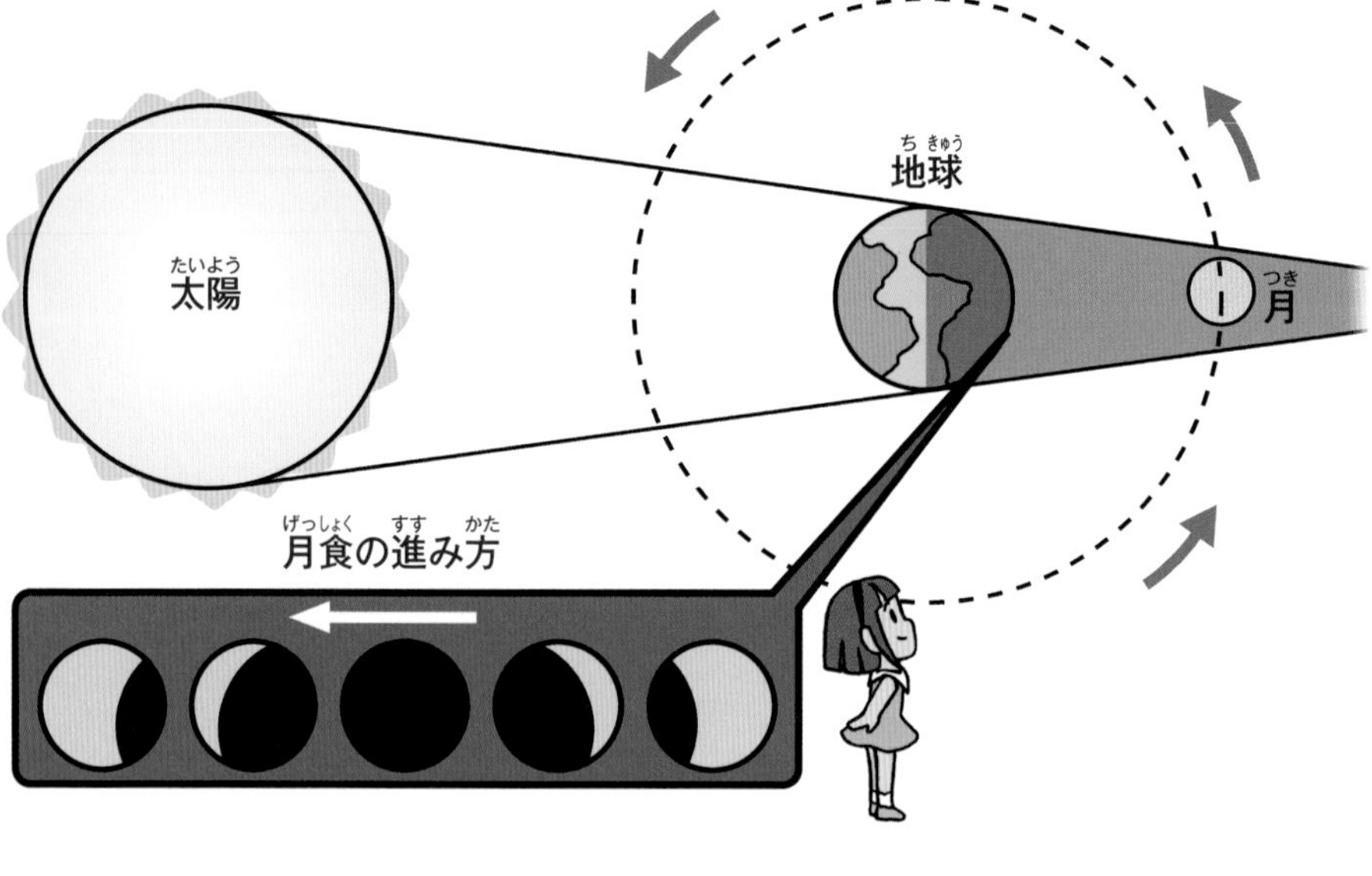

からは、月《つき》がだんだんと欠《か》けていくように見《み》えるのです。月《つき》の一部分《いちぶぶん》が地球《ちきゅう》のかげに入《はい》るときは、「部分月食《ぶぶんげっしょく》」とよびます。月《つき》が地球《ちきゅう》のかげに全部《ぜんぶ》入《はい》るときは、「皆既月食《かいきげっしょく》」とよびます。

わたしたちは、これらのめずらしい天体《てんたい》ショーを、とても楽《たの》しみにしています。でも、大昔《おおむかし》の人《ひと》たちは、これらのげんしょうを、ふしぎに思《おも》っていたのかもしれませんね。

くらくなった
?
なんか さむーい

※日食《にっしょく》を観察《かんさつ》するときには、日食《にっしょく》グラスなどを使《つか》いましょう。

地球《ちきゅう》の一日《いちにち》の時間《じかん》が、長《なが》くなっているって本当《ほんとう》？

一日《いちにち》は二十四時間《にじゅうよじかん》ですね。でも、大昔《おおむかし》の地球《ちきゅう》は、今《いま》よりずっと一日《いちにち》が短《みじか》かったって、知《し》っていますか？

地球《ちきゅう》がたん生《じょう》したのは、今《いま》から四十六億年《よんじゅうろくおくねん》ほど前《まえ》。このころの地球《ちきゅう》の一日《いちにち》は、五《ご》〜六時間《ろくじかん》だったといわれています。そして、植物《しょくぶつ》が水中《すいちゅう》から陸《りく》に上《あ》がった四億年《よんおくねん》ほど前《まえ》は、十九《じゅうく》〜二十二時間《にじゅうにじかん》くらい、そしてげんざいは約《やく》二十四時間《にじゅうよじかん》となりました。どうして、だんだん一日《いちにち》が長《なが》くなっていったのでしょう？

みなさんは、地球《ちきゅう》がくるくると回転《かいてん》していることを知《し》っていますね。わたしたちは、これを「自転《じてん》」とよんでいます。そして、地球《ちきゅう》が一回転《いっかいてん》する時間《じかん》を、一日《いちにち》と決《き》めています。さて、一日《いちにち》の時間《じかん》がだんだん長《なが》くなっているのは、地球《ちきゅう》の自転《じてん》する速度《そくど》が、だんだんおそくなっているからです。なぜ、そんなことが起《お》きているのでしょう。原《げん》いんはたくさんありますが、たとえば、潮《しお》の満《み》ち引《ひ》きで、海《うみ》の水《みず》がい•動《どう》することも原《げん》いんのひとつです。海《うみ》の水《みず》が満《み》ちたり引《ひ》いたりすると、海底《かいてい》にまさつが起《お》きます。これがブレーキとなって、自転《じてん》の速度《そくど》がだんだんおそくなっていると考《かんが》えられています。

さて、一日《いちにち》の時間《じかん》は、この百年間《ひゃくねんかん》に千分《せんぶん》の一《いち》～千分《せんぶん》の二秒《にびょう》くらい長《なが》くなっています。「なんだ、そんなちょっとなのか」と、思《おも》うかもしれませんが、地球《ちきゅう》の長《なが》い歴史《れきし》で見《み》ると、一日《いちにち》の長《なが》さはかなりちがってくるのです。たとえば、一億八千万年後《いちおくはっせんまんねんご》には、約二十五時《やくにじゅうごじ》間《かん》。そして、十億年後《じゅうおくねんご》には、約三十時《やくさんじゅうじ》

げんざい
4億年前《おくねんまえ》
46億年前《おくねんまえ》
1日《にち》が24時間《じかん》
1日《にち》が19～22時間《じかん》
1日《にち》が5～6時間《じかん》

間《かん》になります。

地球《ちきゅう》の自転《じてん》する速度《そくど》は、かく実《じつ》にだんだんおそくなっているのです。

「このままいくと、やがて地球《ちきゅう》の自《じ》転《てん》は止《と》まってしまうの？」と、思《おも》うかもしれませんが、大丈夫《だいじょうぶ》。止《と》まってしまうことは、ないそうですよ。

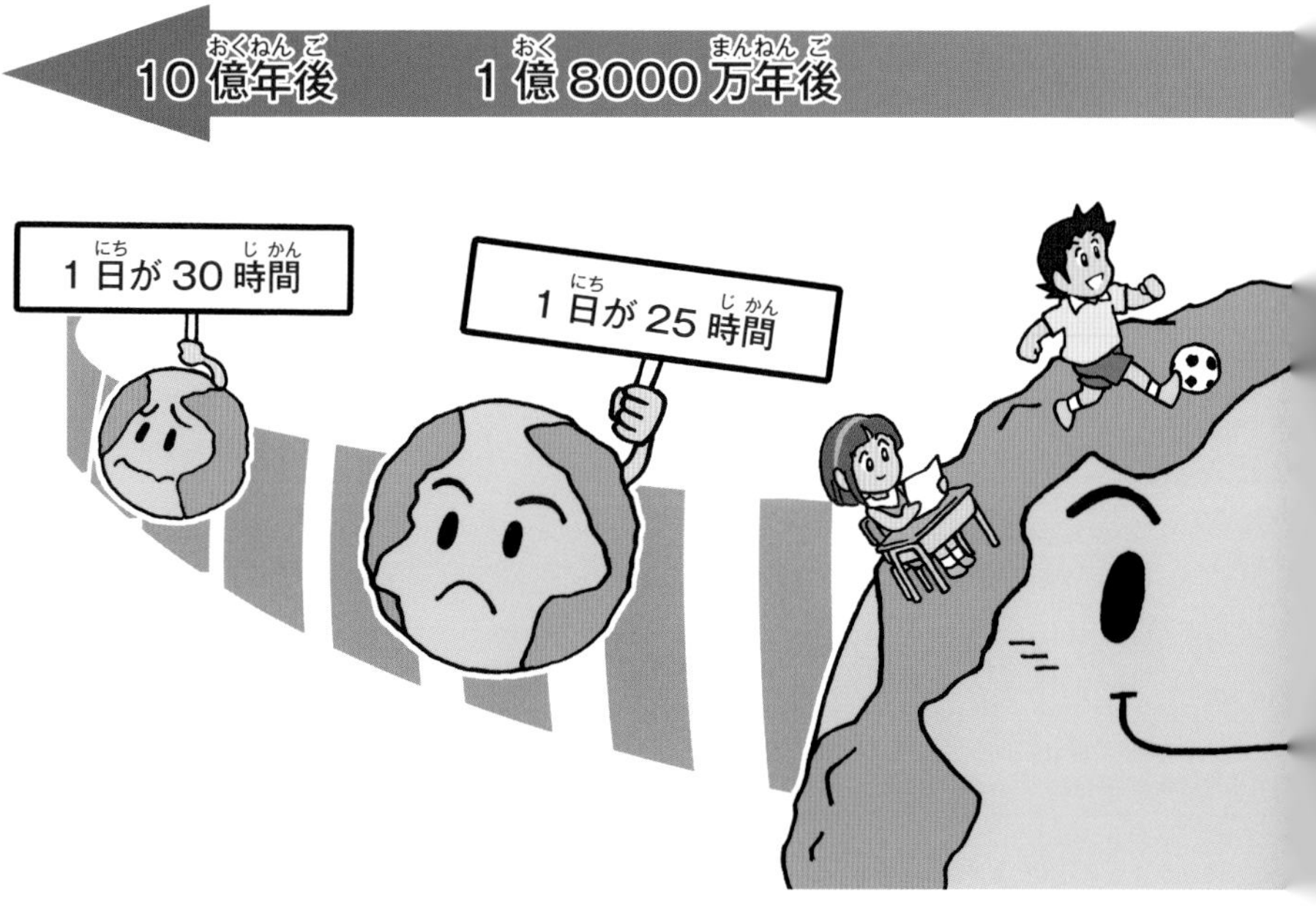
10億年後《おくねんご》
1億《おく》8000万年後《まんねんご》
1日《にち》が30時間《じかん》
1日《にち》が25時間《じかん》

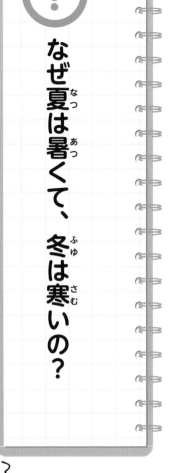

なぜ夏《なつ》は暑《あつ》くて、冬《ふゆ》は寒《さむ》いの？

みなさんは、夏《なつ》と冬《ふゆ》では、どちらが好《す》きですか。えっ？　夏《なつ》は暑《あつ》いし、冬《ふゆ》は寒《さむ》いから、春《はる》か秋《あき》がいいって？　でも、それぞれの季節《きせつ》に、みんないいところがありますよね。

では、どうして夏《なつ》は暑《あつ》くて、冬《ふゆ》は寒《さむ》いのでしょうか。それは、地球《ちきゅう》がちょっとかたむいていることに関係《かんけい》があるのです。みなさんは、地球《ちきゅう》がボールのような丸《まる》い形《かたち》をしていて、太陽《たいよう》の周《まわ》りを回《まわ》っていることは知《し》っ

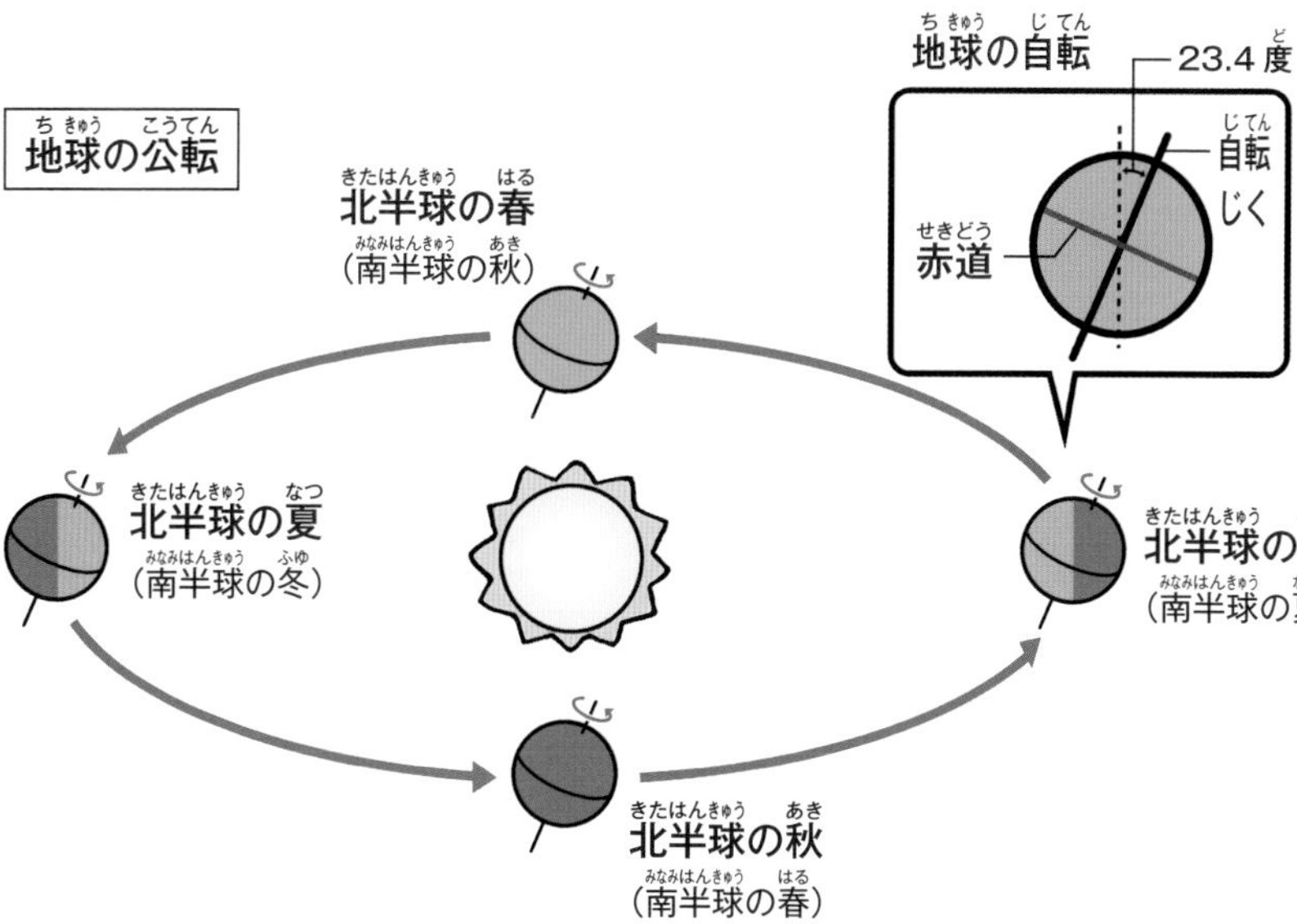
地球《ちきゅう》の公転《こうてん》
北半球《きたはんきゅう》の春《はる》
（南半球《みなみはんきゅう》の秋《あき》）
北半球《きたはんきゅう》の夏《なつ》
（南半球《みなみはんきゅう》の冬《ふゆ》）
北半球《きたはんきゅう》の冬《ふゆ》
（南半球《みなみはんきゅう》の夏《なつ》）
北半球《きたはんきゅう》の秋《あき》
（南半球《みなみはんきゅう》の春《はる》）
地球《ちきゅう》の自転《じてん》
23.4度《ど》
自転《じてん》じく
赤道《せきどう》

ていますよね？　これを「公転《こうてん》」といいます。地球《ちきゅう》が太陽《たいよう》の周《まわ》りを、ぐるっと一周《いっしゅう》すると、ちょうど一年《いちねん》です。季節《きせつ》がひとめぐりします。そのとき地球《ちきゅう》は、好《す》き勝手《かって》に回《まわ》っているわけではなくて、地球《ちきゅう》の真《ま》ん中《なか》を通《とお》るじくを中心《ちゅうしん》に、こまのように自分《じぶん》もくるくると回《まわ》りながら太陽《たいよう》の周《まわ》りを回《まわ》っています。地球自身《ちきゅうじしん》が回《まわ》るのを「自転《じてん》」といって、一回転《いっかいてん》すると、ちょうど一日《いちにち》がすぎます。

この目《め》に見《み》えない自転《じてん》のじくが、じつは、ほんの少《すこ》しかたむいているのです。角度《かくど》で表《あらわ》すと、およそ二十三・四度《にじゅうさんてんよんど》かたむいています。そして、かたむいたまま太陽《たいよう》の周《まわ》りを回《まわ》っているため、太陽《たいよう》の光《ひかり》をよく受《う》ける時期《じき》と、あまり受《う》けない時期《じき》がでてきます。

北半球《きたはんきゅう》の日本《にほん》では、夏《なつ》は太陽《たいよう》の出《で》ている時間《じかん》が長《なが》く、光《ひかり》もほぼ真上《まうえ》からまっすぐに当《あ》たります。太陽《たいよう》からの光《ひかり》と熱《ねつ》を十分《じゅうぶん》に受《う》け取《と》るので、夏《なつ》は暑《あつ》くなるのです。ぎゃくに冬《ふゆ》は、太陽《たいよう》の出《で》ている時《じ》間《かん》が短《みじか》く、光《ひかり》もななめから当《あ》たります。そのため

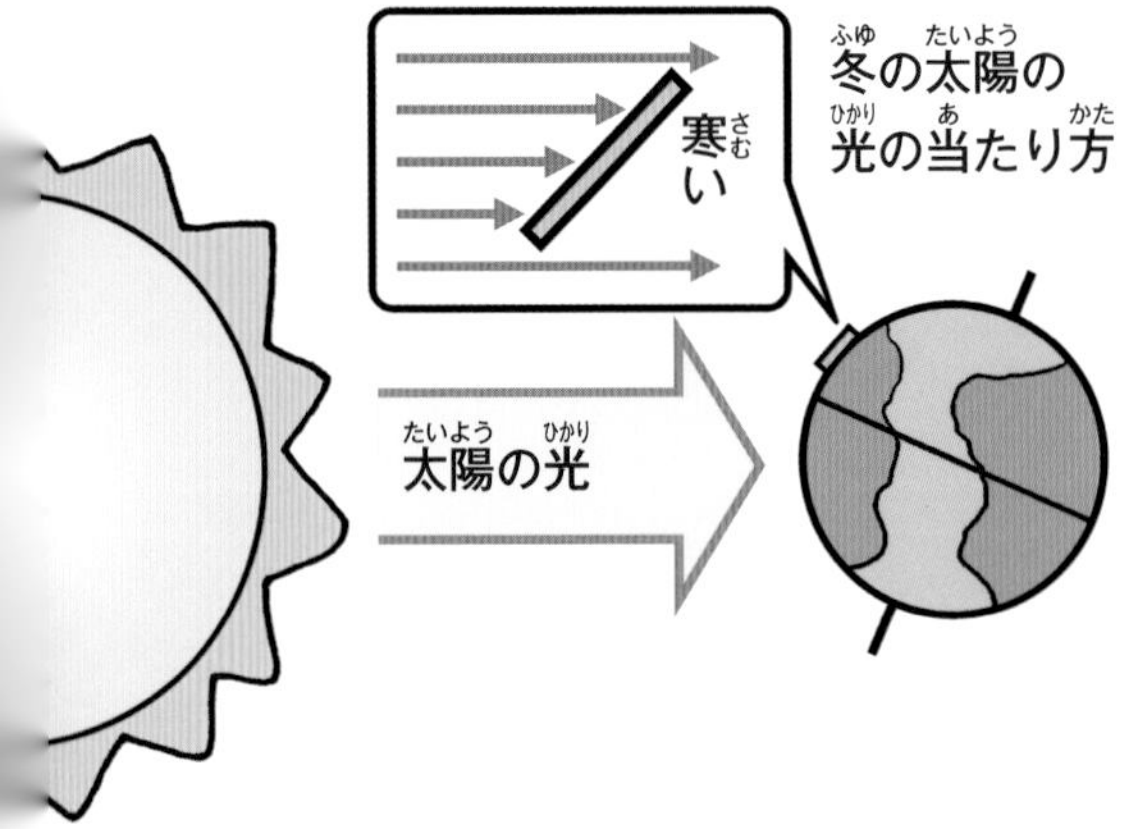
冬《ふゆ》の太陽《たいよう》の光《ひかり》の当《あ》たり方《かた》
寒《さむ》い
太陽《たいよう》の光《ひかり》

受《う》け取《と》る光《ひかり》と熱《ねつ》が少《すく》なくなって、寒《さむ》くなるのです。

ところで、みなさんは一年《いちねん》でいちばん昼《ひる》が長《なが》い日《ひ》「夏至《げし》」を知《し》っていますか？　いちばん太陽《たいよう》の出《で》ている時間《じかん》が長《なが》い日《ひ》です。年《とし》によって変《か》わりますが、だいたい六月《ろくがつ》二十一日《にじゅういちにち》ごろです。だけどふしぎですよね。六月《ろくがつ》はいちばん太陽《たいよう》が長《なが》く出《で》ているのに、八月《はちがつ》のほうが暑《あつ》いですよね。それは、空《くう》気《き》や地面《じめん》、海水《かいすい》などは、温《あたた》まるまでに少《すこ》し時間《じかん》がかかるからなのです。

地面《じめん》に平《たい》らに板《いた》を置《お》いて夏《なつ》と冬《ふゆ》の光《ひかり》の当《あ》たり方《かた》をくらべてみたよ
夏《なつ》の太陽《たいよう》の光《ひかり》の当《あ》たり方《かた》
あたたかい
太陽《たいよう》の光《ひかり》

特集《とくしゅう》
地球《ちきゅう》のナゼ？

地《ち》球《きゅう》・太《たい》陽《よう》・月《つき》のひみつ

わたしたちがくらす「地球《ちきゅう》」、その地球《ちきゅう》の生命《せいめい》をはぐくむ「太陽《たいよう》」、そして、地球《ちきゅう》にいちばん近《ちか》い天体《てんたい》「月《つき》」のふしぎにせまります。

Q 地球《ちきゅう》は、いつ、どうやってできたの？

A 今《いま》から、およそ46億年前《おくねんまえ》です。まず太陽《たいよう》ができて、その周《まわ》りでいん石や小《ちい》さな惑星《わくせい》がしょうとつしたり、合体《がったい》したりして、だんだんと大《おお》きくなって、丸《まる》い地球《ちきゅう》になりました。

Q 地球《ちきゅう》の大《おお》きさは、どれくらいなの？

A 地球《ちきゅう》の表面《ひょうめん》から中心《ちゅうしん》までの長《なが》さは、およそ6400km《キロメートル》。高《たか》さ634m《メートル》の東京《とうきょう》スカイツリーを1万本以上《まんぼんいじょう》つなぐほどの長《なが》さです。また地球《ちきゅう》を1周《しゅう》する長《なが》さは、およそ4万《まん》km《キロメートル》。42.195km《キロメートル》を走《はし》るマラソンなら、948回分《かいぶん》のきょりです。

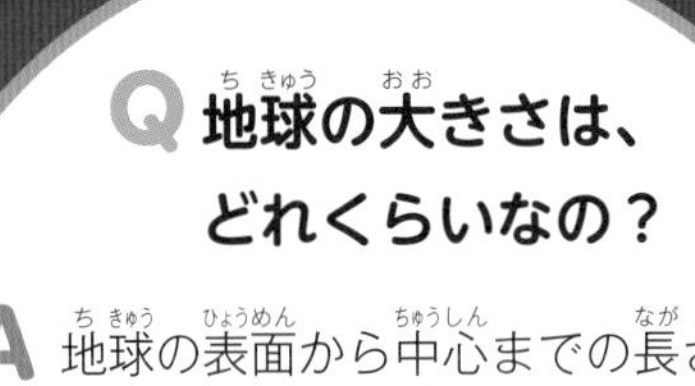

Q どうして地球《ちきゅう》は青《あお》く見《み》えるの？

A うちゅうから地球《ちきゅう》を見《み》て、青《あお》く見《み》えるところは海《うみ》です。地球《ちきゅう》の表面《ひょうめん》の多《おお》くが海《うみ》におおわれているため、青《あお》く見《み》えるのです。また地球《ちきゅう》をおおう大気《たいき》が、太陽《たいよう》の光《ひかり》の中《なか》にふくまれる青《あお》い光《ひかり》だけを散乱《さんらん》させるため、全体《ぜんたい》がなんとなく青《あお》く光《ひか》っているように見《み》えるのです。

Q どうして地球《ちきゅう》にだけ生《い》き物《もの》がいるの？

A 生《い》き物《もの》が生《い》きていくのに必要《ひつよう》な、水《みず》と空気《くうき》があったからです。太陽系《たいようけい》の惑星《わくせい》で、えき体《たい》の水《みず》があるのは地球《ちきゅう》だけです。また、太陽《たいよう》から近《ちか》すぎず、遠《とお》すぎず、ちょうどよいあたたかさで、地球《ちきゅう》をおおう大気《たいき》は、太陽《たいよう》からの有害《ゆうがい》な放《ほう》しゃ線《せん》をさえぎってくれます。

Q 地球《ちきゅう》の最後《さいご》はどうなるの？

A 地球《ちきゅう》が急《きゅう》にばく発《はつ》してしまうようなことは、まずありません。たとえ人間《にんげん》がほろびたとしても、地球《ちきゅう》は変《か》わらずあるでしょう。しかし今《いま》から50億《おく》年後《ねんご》、太陽《たいよう》が巨大化《きょだいか》して、地球《ちきゅう》はしゃく熱《ねつ》の惑星《わくせい》になるといわれています。

特《とく》集《しゅう》

太陽《たいよう》のナゼ？

Q 太陽《たいよう》の温度《おんど》は、何度《なんど》くらいあるの？

A 太陽《たいよう》の表面温度《ひょうめんおんど》は、およそ6000℃《ど》です。ろうそくのほのおは、外側《そとがわ》のいちばん熱《あつ》いところが1400℃《ど》くらいですから、太陽《たいよう》はそうとう熱《あつ》いですね。また、太陽《たいよう》からは「コロナ」というガスがふき出《だ》していますが、コロナはもっと温度《おんど》が高《たか》くてなんと100万《まん》℃《ど》以上《いじょう》もあります。

Q 太陽《たいよう》は、いつ、どうやってできたの？

A およそ46億年前《おくねんまえ》、地球《ちきゅう》と同《おな》じころにできました。うちゅうをただようガスやちりが集《あつ》まって、だんだん重《おも》く、大《おお》きくなってくると、中心部《ちゅうしんぶ》が光《ひかり》と熱《ねつ》を出《だ》すようになりました。これが太陽《たいよう》のたん生《じょう》です。

Q 太陽《たいよう》の大《おお》きさは、どれくらいなの？

A 太陽《たいよう》は、表面《ひょうめん》から中心《ちゅうしん》までのきょりが、およそ70万《まん》km《キロメートル》もある、とても巨大《きょだい》な星《ほし》です。地球《ちきゅう》とくらべると、約《やく》109倍《ばい》もの大《おお》きさです。ちょうど地球《ちきゅう》がピンポン玉《だま》の大《おお》きさだとすると、太陽《たいよう》は直径《ちょっけい》4m《メートル》以上《いじょう》の大《おお》きな球《たま》くらいのサイズになります。

Q 太陽《たいよう》までのきょりはどのくらい？

A 地球《ちきゅう》から太陽《たいよう》までは、およそ1億《おく》4960万《まん》km《キロメートル》。光《ひかり》の速度《そくど》でも、8分《ぷん》19秒《びょう》かかるきょりです。ですから地球《ちきゅう》で見《み》る太陽《たいよう》の光《ひかり》は、およそ8分前《ぷんまえ》のものなのですね。もし時速《じそく》300km《キロメートル》の新《しん》かん線《せん》で太陽《たいよう》をめざすと、とう着《ちゃく》までにおよそ57年《ねん》かかります。

Q 太陽《たいよう》と地球《ちきゅう》は、どうちがうの？

A 太陽《たいよう》のように、自分《じぶん》で光《ひかり》を出《だ》してかがやく星《ほし》は「恒星《こうせい》」といいます。夜空《よぞら》にかがやく星《ほし》のほとんどは恒星《こうせい》です。これに対《たい》して恒星《こうせい》の周《まわ》りを回《まわ》り、自分《じぶん》で光《ひかり》を出《だ》さずに恒星《こうせい》の光《ひかり》を反《はん》しゃしてかがやく星《ほし》は「惑星《わくせい》」といいます。地球《ちきゅう》は、この惑星《わくせい》です。

Q 太陽《たいよう》のエネルギーは、どのくらい？

A 太陽《たいよう》の中心《ちゅうしん》では、ぼう大《だい》な光《ひかり》と熱《ねつ》が生《う》まれ、そのエネルギーをうちゅう空間《くうかん》に放《はな》ち続《つづ》けています。このうち、1秒間《びょうかん》に出《で》る太陽《たいよう》エネルギーを、身近《みぢか》なエネルギーに置《お》きかえてみました。

● 300人《にん》乗《の》りの飛行機《ひこうき》で、地球《ちきゅう》を4兆《ちょう》5000億周分《おくしゅうぶん》。

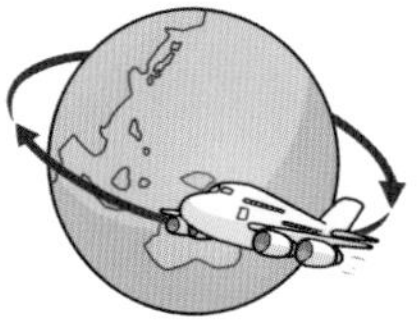

●日本《にほん》の自動車《じどうしゃ》が使《つか》うガソリン、3億《おく》3000万年分《まんねんぶん》。

●日本《にほん》の家庭《かてい》で使《つか》われる灯油《とうゆ》、8億《おく》9000万年分《まんねんぶん》。

特集《とくしゅう》 月《つき》のナゼ？

Q 月《つき》は、どんなところなの？

A まず、月《つき》には大気《たいき》がありません。大《たい》気《き》がないため昼《ひる》と夜《よる》との温度差《おんどさ》がはげしく、赤道《せきどう》のあたりで昼《ひる》は110℃、夜《よる》は−《マイナス》170℃《ど》になります。また昼《ひる》と夜《よる》は、それぞれ14日間《かかん》も続《つづ》きます。地面《じめん》はレゴリスという、とても細《こま》かいすなでおおわれています。重力《じゅうりょく》が地球《ちきゅう》より小《ちい》さいので、からだがとても軽《かる》くなります。

Q 月《つき》は、どうやってできたの？

A 月《つき》がどうやってできたかは、いろいろな説《せつ》がありますが、もっとも有力《ゆうりょく》なのが「ジャイアント・インパクト説《せつ》」です。生《う》まれたばかりの地球《ちきゅう》に、ほかの星《ほし》がしょうとつして、飛《と》び散《ち》ったかけらが集《あつ》まって月《つき》になったという説《せつ》です。

Q クレーターは、なぜできたの？

A 月《つき》の表面《ひょうめん》にあるクレーターとよばれるくぼみは、いん石《せき》がぶつかってできました。地球《ちきゅう》からは見《み》ることのできない月《つき》のうら側《がわ》には、もっとたくさんのクレーターがあります。

Q 月《つき》の大きさはどのくらいなの？

A 月《つき》の直径《ちょっけい》はおよそ3500km《キロメートル》で、地球《ちきゅう》の4分《ぶん》の1ほどの大《おお》きさです。惑星《わくせい》の周《まわ》りを回《まわ》る星《ほし》を「衛《えい》星《せい》」といいます。月《つき》は地球《ちきゅう》のたった1つの衛星《えいせい》ですが、ほかの惑星《わくせい》の衛星《えいせい》にくらべると、地球《ちきゅう》に対《たい》してのわり合《あい》が、とても大《おお》きな衛星《えいせい》です。

イラスト／ひろゆうこ

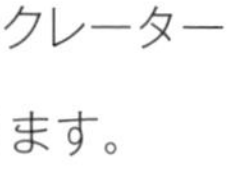

身近《みぢか》なふしぎ

イラスト／内山洋見

磁石《じしゃく》を半分《はんぶん》にわると、どうなるの？

冷《れい》ぞう庫《こ》やクギなど、鉄《てつ》でできているものにピタッとくっつく磁石《じしゃく》。N極《エヌきょく》とS極《エスきょく》は引《ひ》きつけ合《あ》い、N極《エヌきょく》とN極《エヌきょく》、S極《エスきょく》とS極《エスきょく》は、おしのけ合《あ》うという磁石《じしゃく》のせいしつは、みなさんも知《し》っていますね。

磁石《じしゃく》は、かた方《ほう》にN極《エヌきょく》、その反対側《はんたいがわ》にはS極《エスきょく》があります。では、磁石《じしゃく》を半分《はんぶん》にわると、どうなるのでしょうか？　N極《エヌきょく》だけの磁石《じしゃく》と、S極《エスきょく》だけの磁石《じしゃく》に分《わ》かれるのかな？　いいえ、磁石《じしゃく》をわると、N極《エヌきょく》とS極《エスきょく》があ

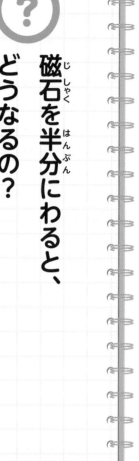

らわれ、磁石《じしゃく》が二《ふた》つできるのです。どんなに小《ちい》さくわっても、かならず両《りょう》はしに、N極《エヌきょく》とS極《エスきょく》があらわれ、磁石《じしゃく》になります。まるで、まほうみたいですね。

じつは、磁石《じしゃく》は、とても小《ちい》さな磁石《じしゃく》の集《あつ》まりでできているのです。小《ちい》さな磁石《じしゃく》がN《エヌ》−S《エス》、N《エヌ》−S《エス》という順番《じゅんばん》できそく正《ただ》しくならび、一《ひと》つの大《おお》きな磁石《じしゃく》をつくっているのです。

N
S
だから
半分《はんぶん》にわっても…
また半分《はんぶん》にわっても
N極《エヌきょく》とS極《エスきょく》があらわれて、磁石《じしゃく》になるよ！
磁石《じしゃく》はとても小《ちい》さな磁石《じしゃく》の集《あつ》まりでできている

ではなぜ磁石《じしゃく》は、鉄《てつ》をくっつけるのでしょうか？　じつは、鉄《てつ》もたくさんの小《ちい》さな磁石《じしゃく》でできているのですが、鉄《てつ》の小《ちい》さな磁石《じしゃく》はばらばらにならんでいるので、鉄《てつ》は磁石《じしゃく》になっていないのです。磁石《じしゃく》を近《ちか》づけると、ばらばらにならんでいた小《ちい》さな磁《じ》石《しゃく》が、N《エヌ》－S《エス》、N《エヌ》－S《エス》と、向《む》き

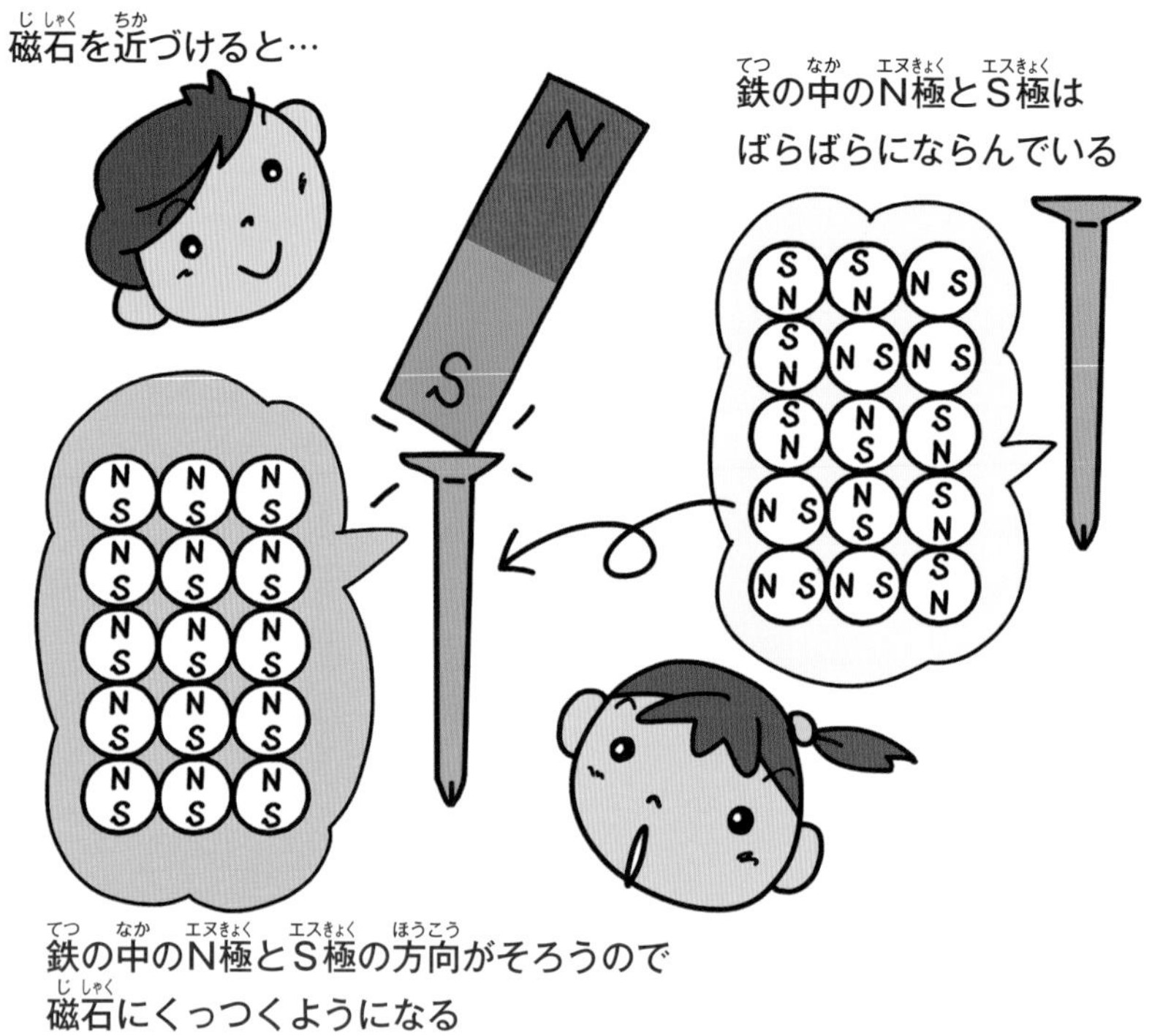

をそろえてならぶので、磁石《じしゃく》にくっつくようになるのです。磁石《じしゃく》を遠《とお》ざけると、鉄《てつ》の中《なか》のN極《エヌきょく》とS極《エスきょく》の方向《ほうこう》はふたたびばらばらになります。

ところで磁石《じしゃく》は、みなさんの周《まわ》りでも、たくさん使《つか》われています。冷《れい》ぞう庫《こ》やせんたく機《き》、電子《でんし》レンジ、スマートフォン、パソコンなど、電《でん》化《か》せい品《ひん》のほとんどに磁石《じしゃく》が入《はい》っています。また、電車《でんしゃ》に乗《の》るときに買《か》う紙《かみ》の切《きっ》ぷには、うらの黒色《くろいろ》の面《めん》に磁石《じしゃく》のこながぬられていて、電車《でんしゃ》に乗《の》った日《ひ》にちや駅《えき》などのじょうほうが、磁石《じしゃく》の力《ちから》を使《つか》って書《か》きこまれます。磁石《じしゃく》は、わたしたちのくらしになくてはならないものなのですね。

使《つか》いすてカイロは、なぜ温《あたた》かくなるの？

冬《ふゆ》の寒《さむ》い日《ひ》でも、使《つか》いすてカイロを持《も》っていれば大丈夫《だいじょうぶ》。ふくろをあければ、すぐにホッカホカ。何時間《なんじかん》も温《あたた》かさが続《つづ》きます。でも、火《ひ》を使《つか》っていないのに、なぜ温《あたた》かくなるのでしょう？

使《つか》いすてカイロには、鉄《てつ》のこな（鉄《てつ》ぷん）が入《はい》っています。じつは、鉄《てつ》はさびるときに熱《ねつ》を出《だ》します。それを利用《りよう》してつくられたのが、使《つか》いすてカイロなのです。でも、なぜ、さびると熱《ねつ》が出《で》るのでしょうか？

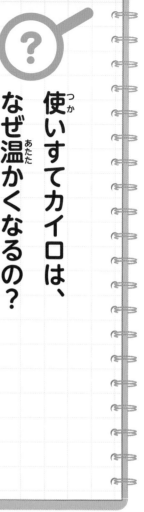

「もえる」というげんしょうは、物質《ぶっしつ》が酸素《さんそ》と急《きゅう》に反《はん》のうして、熱《ねつ》や光《ひかり》を出《だ》すことです。「さびる」といううげんしょうも同《おな》じで、空気中《くうきちゅう》の酸《さん》素《そ》が鉄《てつ》にくっついたとき、熱《ねつ》を出《だ》します。つまり、鉄《てつ》が酸素《さんそ》と少《すこ》しずつ反《はん》のうして、ゆっくりもえることを「さびる」というのです。ゆっくりもえるので、火《ひ》は出《で》ません。

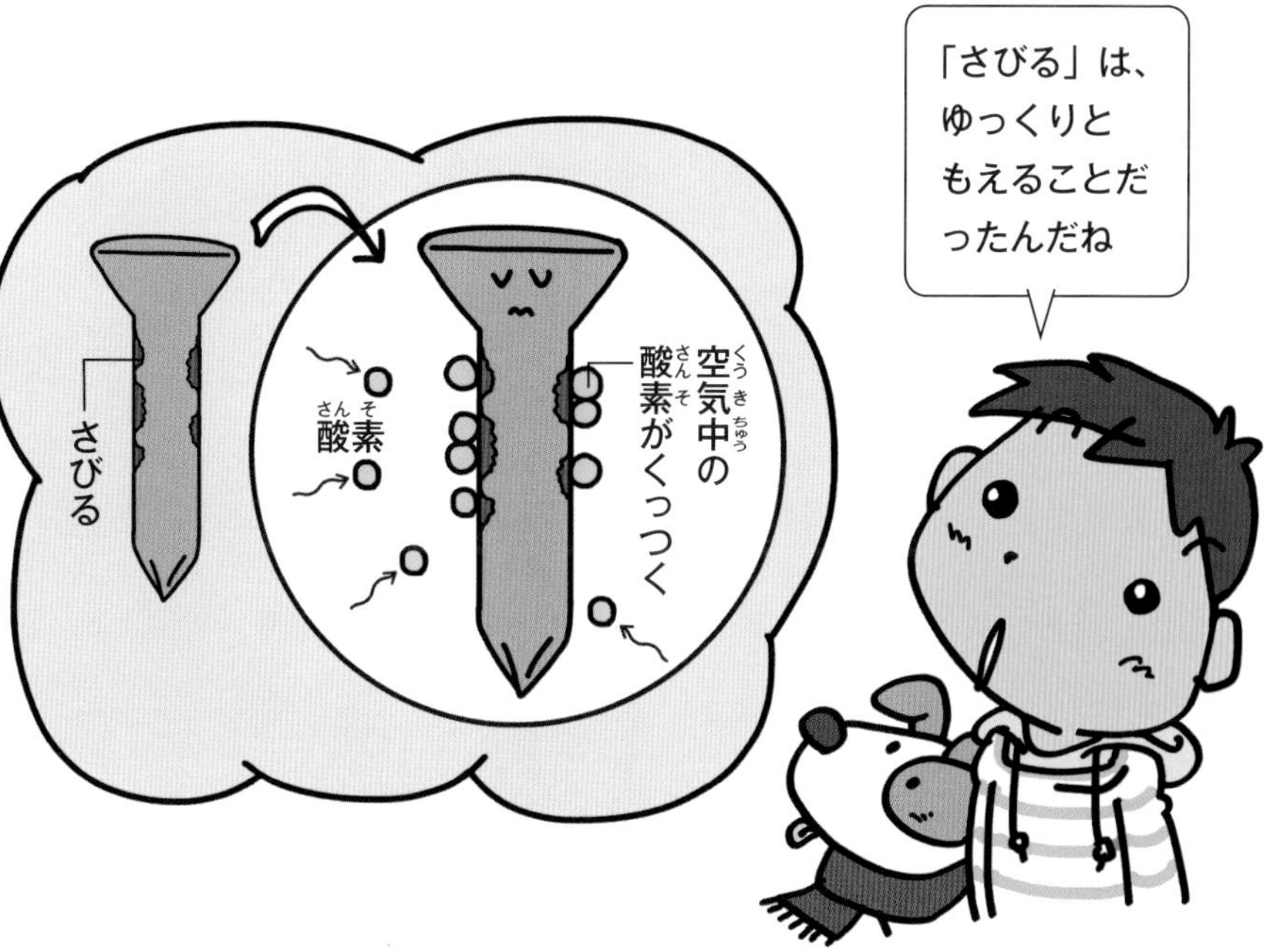

「さびる」は、ゆっくりともえることだったんだね
さびる
酸素《さんそ》
空気中《くうきちゅう》の酸素《さんそ》がくっつく

身近《みぢか》なふしぎ

使《つか》いすてカイロには、ほかに食塩《しょくえん》水《すい》や活《かっ》せい炭《たん》なども入《はい》っています。食塩水《しょくえんすい》は、早《はや》く鉄《てっ》ぷんをさびさせるため、活《かっ》せい炭《たん》は、たくさんの酸素《さんそ》を中《なか》に送《おく》りこむためです。使《つか》いすてカイロは、日本《にほん》で発明《はつめい》されました。身近《みぢか》なげんしょうを使《つか》って、こんなに便利《べんり》なものをつくるなんて、すごいですね。

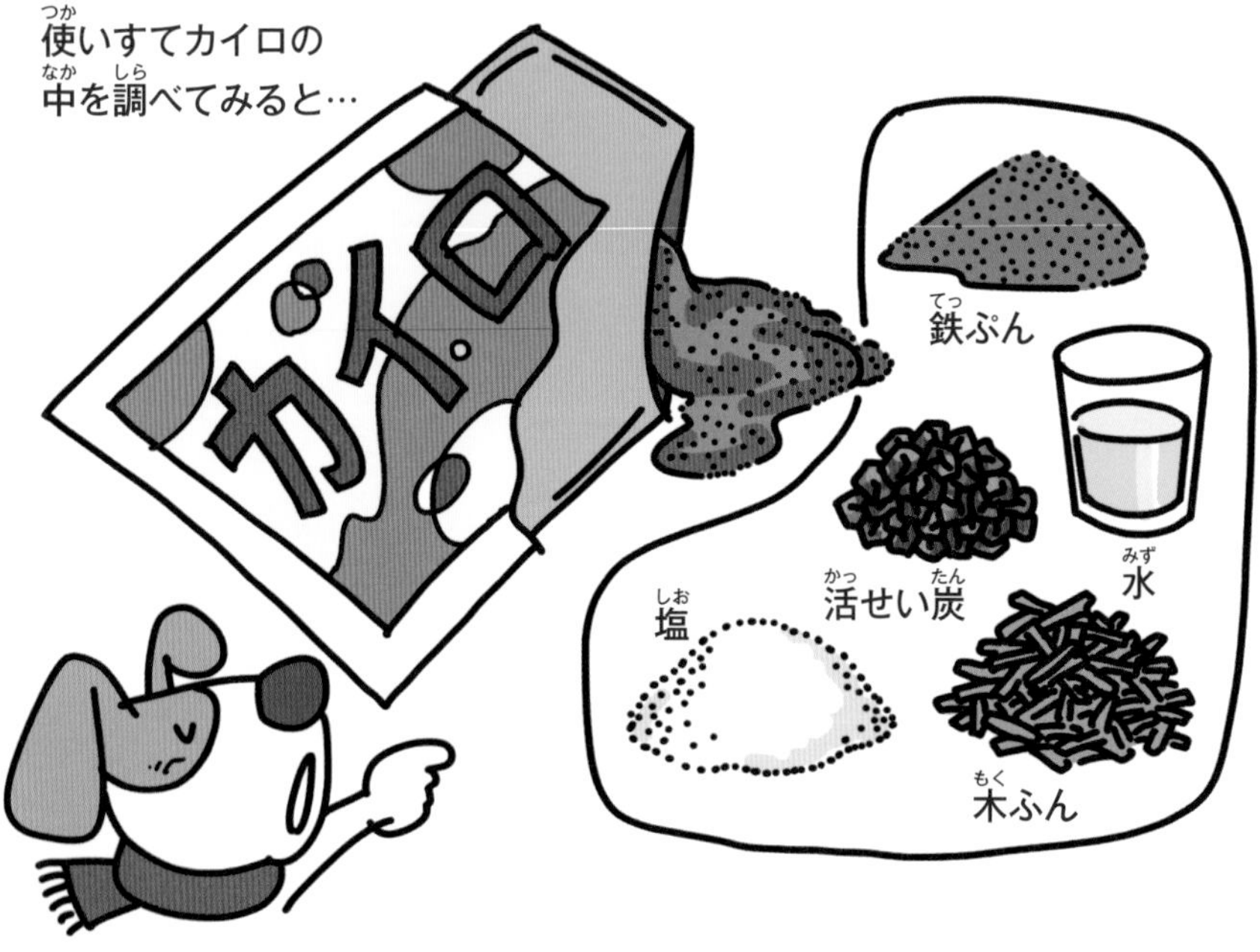

使《つか》いすてカイロの
中《なか》を調《しら》べてみると…
カイロ
鉄《てっ》ぷん
水《みず》
活《かっ》せい炭《たん》
塩《しお》
木《もく》ふん

地球《ちきゅう》でいちばんかたいものは、なに？

みなさんは、地球《ちきゅう》でいちばんかたいものは、なんだか知《し》っていますか？

石《いし》？ それとも鉄《てつ》？ いいえ、じつはダイヤモンドなのです。ダイヤモンドといえば、あのキラキラかがやくほう石《せき》ですよね。でも、なぜそんなにダイヤモンドは、かたいのでしょうか？

ダイヤモンドは、「炭素《たんそ》」という物質《ぶっしつ》でできています。じつは、みな

さんがいつも使《つか》っているえんぴつのしんも、ダイヤモンドと同《おな》じ「炭《たん》素《そ》」でできているんですよ。でも、えんぴつのしんはやわらかいですね。同《おな》じ「炭《たん》素《そ》」でできているのに、いったい何《なに》がちがうのでしょうか？

それは、ダイヤモンドの場合《ばあい》、炭《たん》素《そ》と炭《たん》素《そ》がおたがいに強《つよ》く結《むす》びついているからなのです。

ダイヤモンドは、地球《ちきゅう》の地下《ちか》数百《すうひゃく》キロメートルという、とても深《ふか》い場《ば》所《しょ》でつくられます。地球《ちきゅう》の地下《ちか》は、深《ふか》くなればなるほど温度《おんど》が高《たか》くなります（→152ページ）。おまけに、深《ふか》くなればなるほど、強《つよ》い圧力《あつりょく》（おしつける力《ちから》）でおされています。ダイヤモンドの多《おお》くは上部《じょうぶ》マントルでつくられます。これは、地球《ちきゅう》のいちばん外側《そとがわ》にある地《ち》かく（岩《がん》ばんの層《そう》）のすぐ下《した》の部分《ぶぶん》で、そこは千度《せんど》をこえるくらい高温《こうおん》で、圧力《あつりょく》がものすごく高《たか》い所《ところ》です。この場所《ばしょ》で、炭素《たんそ》がぎゅっとおし固《かた》められて、ダイヤモンドができたと考《かんが》えられています。でも、できるのにどのくらいの時間《じかん》がかかるのかは、わかっていません。

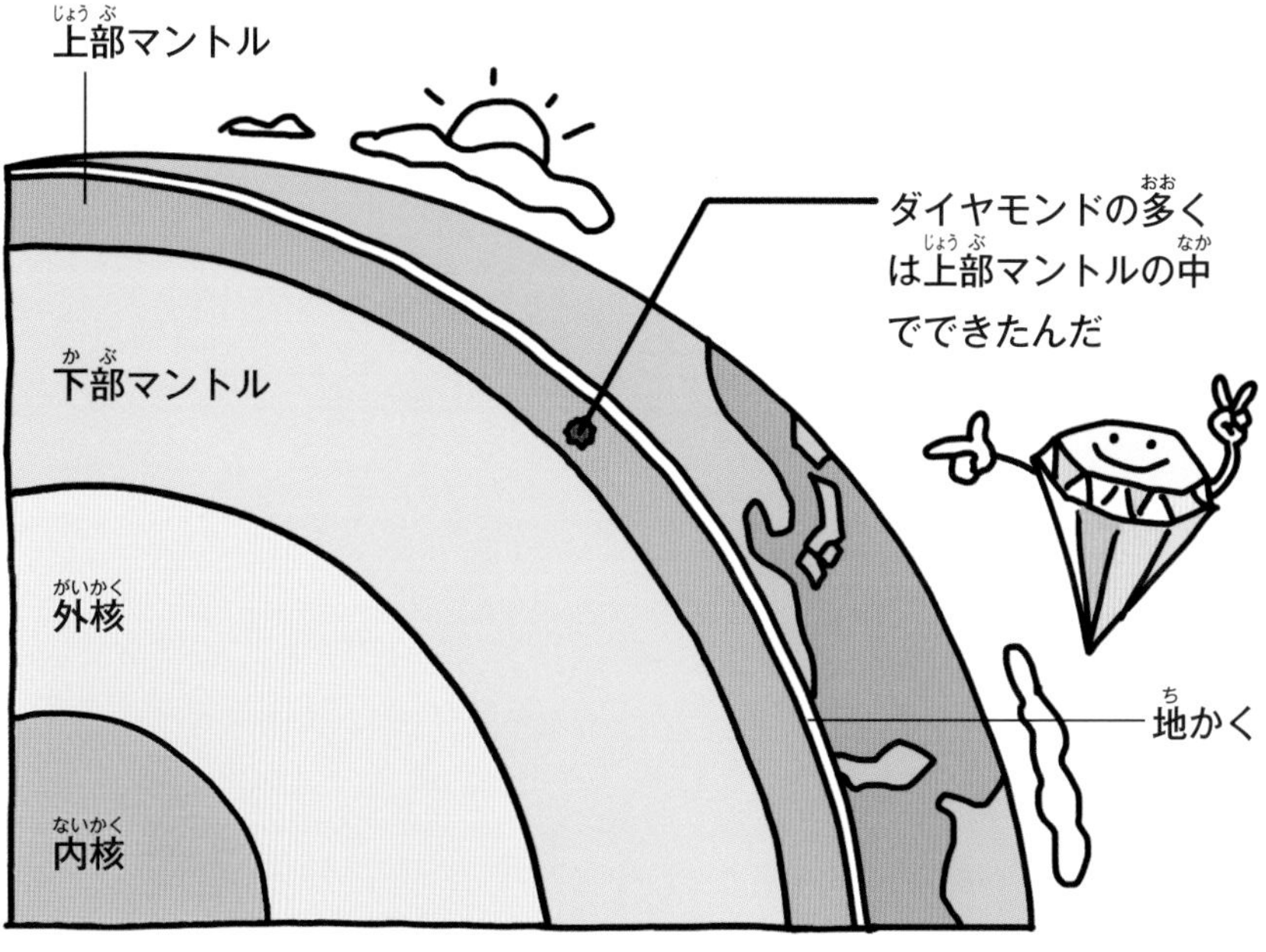
上部《じょうぶ》マントル
下部《かぶ》マントル
外核《がいかく》
内核《ないかく》
ダイヤモンドの多《おお》くは上部《じょうぶ》マントルの中《なか》でできたんだ
地《ち》かく

そして、地下《ちか》のマグマが上《じょう》しょうし、火山《かざん》がふん火《か》するとき、マグマといっしょに運《はこ》ばれ、地上《ちじょう》に送《おく》りとどけられたのが、ダイヤモンドなのです。このとき、マグマがゆっくりと上《じょう》しょうすると、ダイヤモンドはえんぴつのしんの材料《ざいりょう》になる物質《ぶっしつ》に変《か》わってしまうそうです。地球《ちきゅう》でいちばんかたいダイヤモンドは、まだ人間《にんげん》が見《み》たこともない地《ち》球《きゅう》の深《ふか》い地中《ちちゅう》で生《う》まれた、きせきの石《いし》なのですよ。

花火《はなび》はなぜ、いろいろな色《いろ》が出《で》るの？

打《う》ち上《あ》げ花火《はなび》は、まるで夜空《よぞら》に大《おお》きな光《ひかり》の花《はな》がさいたみたいで、とてもきれいですよね。光《ひかり》の色《いろ》も白《しろ》だけでなく、赤《あか》や緑《みどり》、青《あお》など、いろいろな色《いろ》で光《ひか》ります。どうして、あんなにたくさんの色《いろ》が出《だ》せるのでしょう。

それには、まず花火《はなび》のしくみを知《し》っておく必要《ひつよう》があります。

打《う》ち上《あ》げ花火《はなび》は、丸《まる》い形《かたち》をしていて、中《なか》には「わり薬《やく》」と「星《ほし》」という火薬《かやく》が入《はい》っています。外側《そとがわ》には、どう火線《かせん》がついています。まず火薬《かやく》

をつめた鉄《てつ》のつつに花火《はなび》の玉《たま》を入《い》れます。そこに火《ひ》をつけると、火薬《かやく》がばく発《はっ》して花火《はなび》は空高《そらたか》く打《う》ち上《あ》がり、どう火線《かせん》にも火《ひ》がつきます。上空《じょうくう》でどう火線《かせん》がもえて「わり薬《やく》」に火《ひ》がつくと、花火《はなび》の玉《たま》がはれつします。同時《どうじ》に「星《ほし》」にも火《ひ》がついて、光《ひかり》を出《だ》しながら周《まわ》りに飛《と》び散《ち》ります。

星《ほし》の中《なか》には、熱《ねっ》するといろいろな色《いろ》を出《だ》す金《きん》ぞくのこなが火薬《かやく》にまざって入《はい》っています。このこなが、いろいろな色《いろ》を出《だ》すひみつです。このちがいで、光《ひかり》の色《いろ》もちがってくるわけです。たとえば、ストロンチウムは赤色《あかいろ》、バリウムは緑色《みどりいろ》、銅《どう》は青色《あおいろ》、ナトリウムは黄色《きいろ》、アルミニウムは白色《しろいろ》などです。さらに、これらのこなをまぜ合《あ》わせることで、ピ

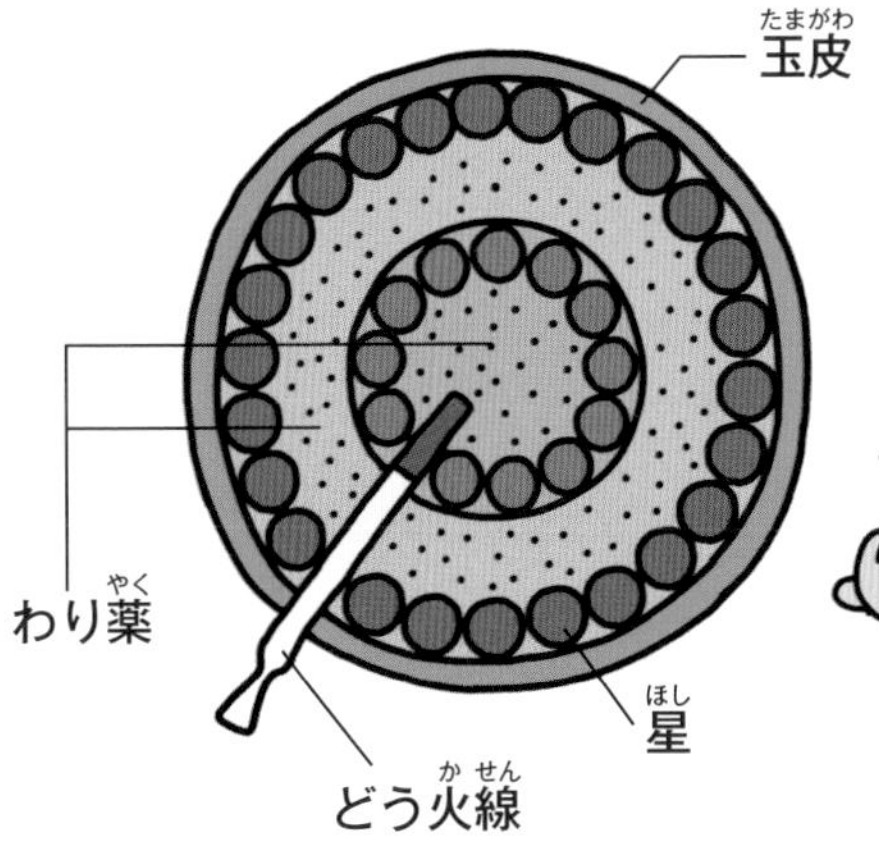
玉皮《たまがわ》
わり薬《やく》
星《ほし》
どう火線《かせん》

たまや〜〜
打《う》ち上《あ》げ花火《はなび》の中《なか》は、
こうなっているのね

ンク色《いろ》やレモン色《いろ》、水色《みずいろ》などをつくることもできます。このように熱《ねっ》せられた金《きん》ぞくが、それぞれの色《いろ》の光《ひかり》を出《だ》すことを「炎色反《えんしょくはん》のう」といいます。

また、花火《はなび》の玉《たま》の中《なか》に、色《いろ》のちがった星《ほし》を二重《にじゅう》に配置《はいち》することで、外側《そとがわ》と内側《うちがわ》の色《いろ》を変《か》えたりすることもできます。何度《なんど》も色《いろ》が変《か》わるものは、何種類《なんしゅるい》かのこなをぬり重《かさ》ねて星《ほし》をつくり、初《はじ》めの色《いろ》のこなを光《ひか》らせた火薬《かやく》がもえつきると、次《つぎ》の色《いろ》のこなを光《ひか》らせる火薬《かやく》がもえはじめるしくみになっています。

ハイブリッドカーって、なに？

「ハイブリッドカー」とか「ハイブリッド車《しゃ》」って、聞《き》いたことがありますよね。いったい、どんな車《くるま》なのでしょう。「ハイブリッド」というのは英語《えいご》で、「二《ふた》つのちがうものを組《く》み合《あ》わせる」という意味《いみ》です。

つまり、ハイブリッドカーというのは、何《なに》か二《ふた》つを組《く》み合《あ》わせた自動車《じどうしゃ》なんですね。

では、何《なに》を組《く》み合《あ》わせたのでしょうか。それは「ガソリンエンジン」

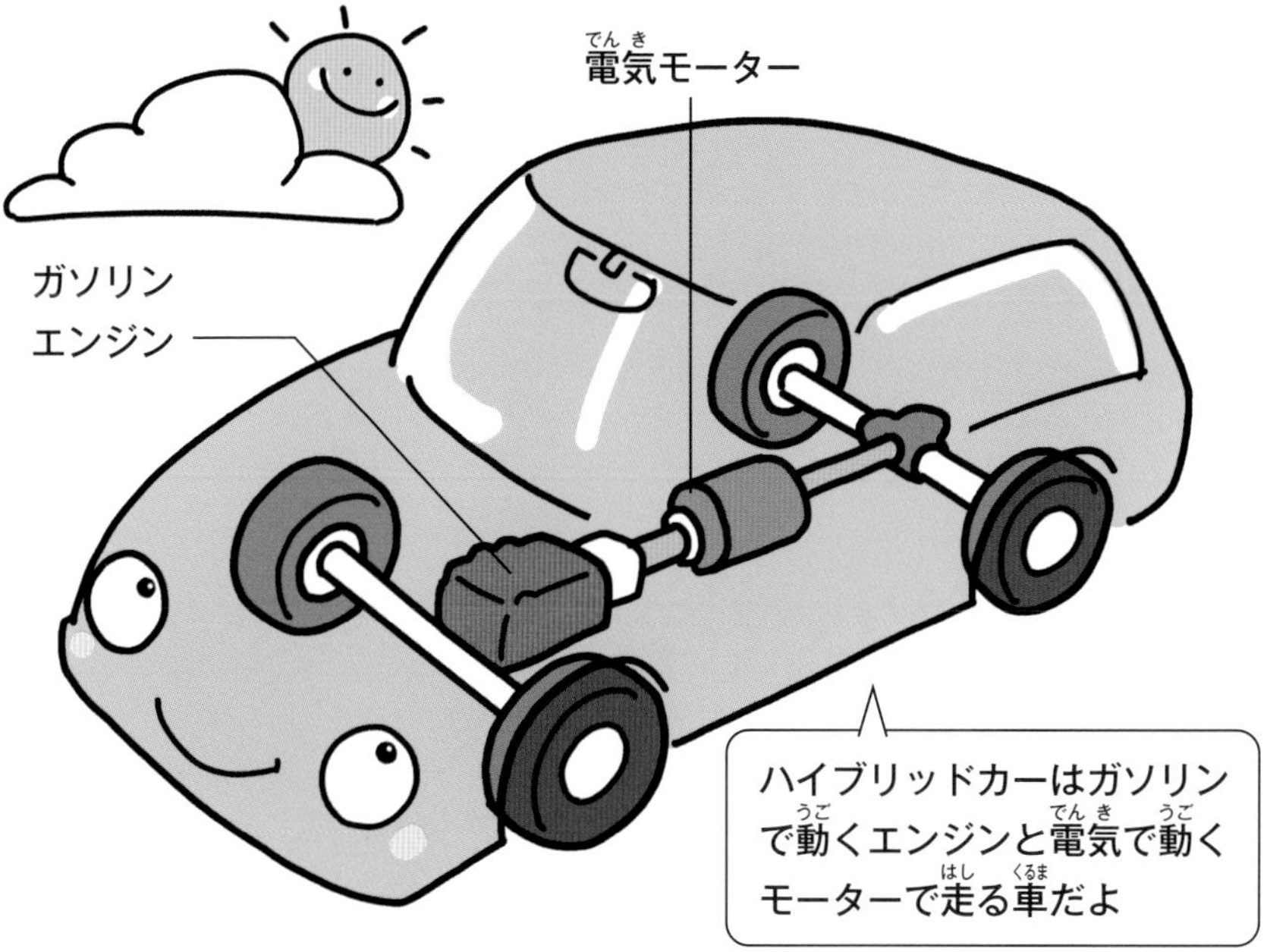
電気《でんき》モーター
ガソリン
エンジン
ハイブリッドカーはガソリン
で動《うご》くエンジンと電気《でんき》で動《うご》く
モーターで走《はし》る車《くるま》だよ

と「電気《でんき》モーター」です。主《おも》に発進《はっしん》するときなどに電気《でんき》モーターを使《つか》い、高速《こうそく》で走《はし》るときにはガソリンエンジンを使《つか》ったりします。

ハイブリッドカーのよいところは、ふつうのガソリンエンジンだけの自《じ》動車《どうしゃ》にくらべて、使《つか》うガソリンの量《りょう》が少《すく》なくてすむことと、はい気《き》ガスを出《だ》す量《りょう》がへることです。

ガソリンは石油《せきゆ》からつくられます。石油《せきゆ》は地球《ちきゅう》の地下深《ちかふか》くからとれるねん料《りょう》で、かぎられた場所《ばしょ》にしかありません。それにしょう来《らい》はとりつくして、なくなってしまうだろうといわれています。

また、みなさんは、「地球温暖《ちきゅうおんだん》化《か》」（→148ページ）という言葉《ことば》を知《し》っていますね？ 地球《ちきゅう》の空気《くうき》が

ガソリン車《しゃ》
エンジン
ガソリン
ガソリン
はい気《き》ガスが多《おお》い
ハイブリッドカー
エンジン
ガソリン
モーター
バッテリー
ガソリン
はい気《き》ガスが少《すく》ない

温《あたた》められて、気温《きおん》がどんどん上《あ》がってしまうげんしょうです。気候《きこう》が変《か》わって「いじょう気《き》しょう」が起《お》きたり、南極《なんきょく》などの氷《こおり》がとけて海面《かいめん》が高《たか》くなったり、たくさんの重大《じゅうだい》な問題《もんだい》が起《お》きると予想《よそう》されています。この原《げん》いんのひとつが自動車《じどうしゃ》の出《だ》すはい気《き》ガスなのです。

ですから、ガソリンが少《すく》なくてすみ、はい気《き》ガスをおさえることのできるハイブリッドカーは、「エコカー（かんきょうにいい車《くるま》）」ともよばれ、人気《にんき》が集《あつ》まっています。また「エコカー」には、ハイブリッドカーのほかに、電気《でんき》だけで動《うご》く「電気自動車《でんきじどうしゃ》」や、ねん料電池《りょうでんち》で動《うご》く「ねん料電池車《りょうでんちしゃ》」などがあります。

サッカーのバナナシュートは、どうして曲《ま》がるの？

サッカーのシュートで、すごくボールが曲《ま》がることがありますよね。バナナみたいに曲《ま》がって飛《と》ぶので「バナナシュート」とよばれています。ゴールキーパーの頭《あたま》の上《うえ》をこえてゴールしたり、外《はず》れると思《おも》ったシュートが曲《ま》がってゴールに入《はい》ったりして、すごいですよね。

どうして、あんなに曲《ま》がるのでしょう。それは、ボールに強《つよ》い回転《かいてん》をかけているからです。それによって「マグナス力《りょく》」という力《ちから》が生《う》まれて、

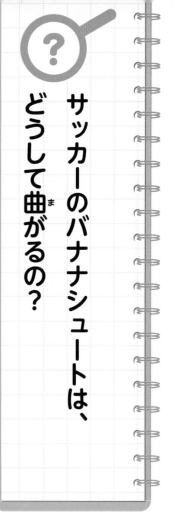

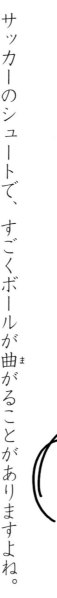

ボールが曲《ま》がっているんですよ。

ボールが空気中《くうきちゅう》を飛《と》ぶときには、ボールは空気《くうき》のていこうを受《う》けています。このときにボールが回転《かいてん》していると、ボールの上《うえ》と下《した》で空気《くうき》の流《なが》れの速《はや》さが変《か》わってくるのです。

ボールの回転《かいてん》と同《おな》じ方向《ほうこう》の空気《くうき》は速《はや》く流《なが》れて、回転《かいてん》と反対方向《はんたいほうこう》に流《なが》れる空気《くうき》にはブレーキがかかっておそく

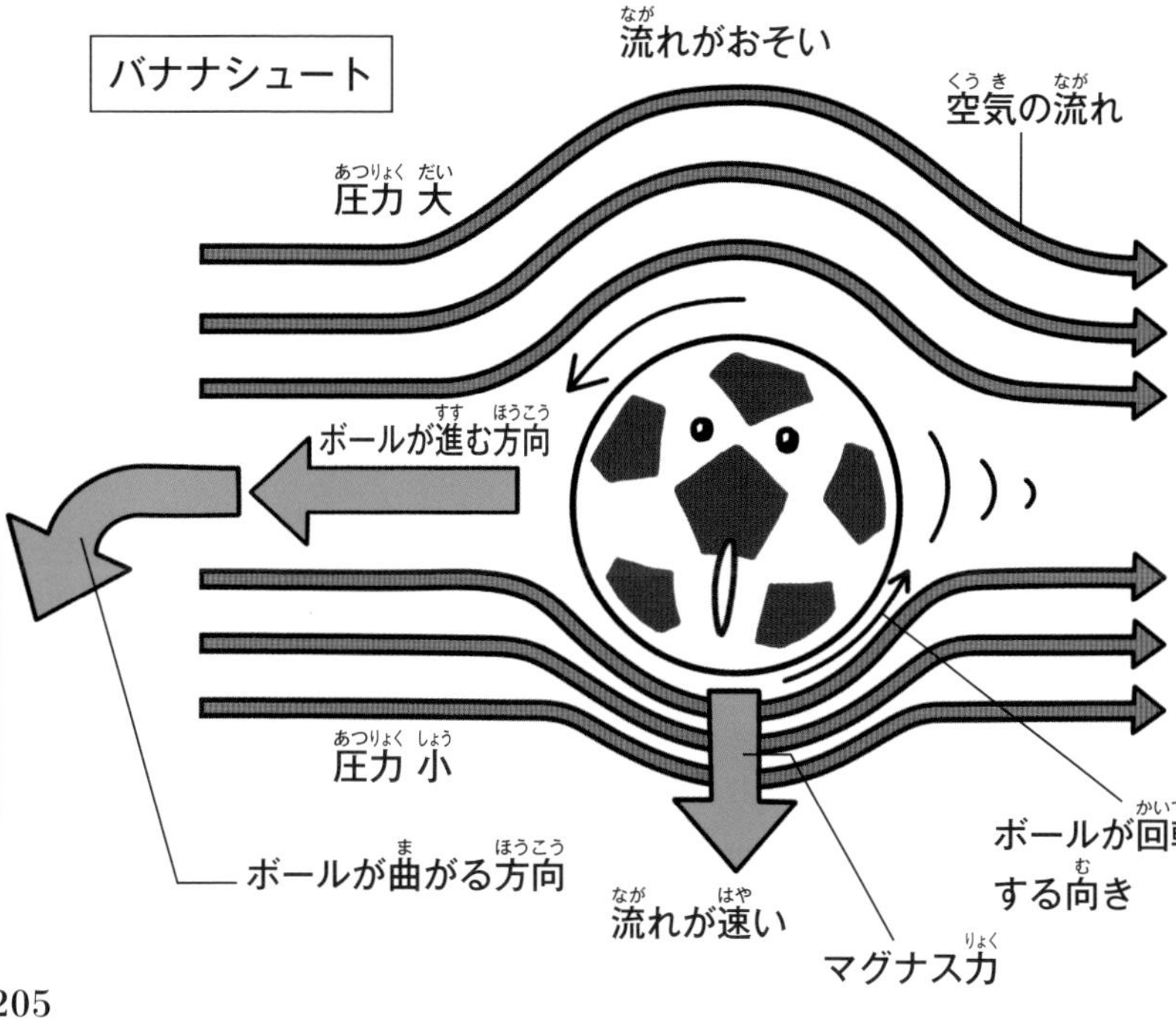

バナナシュート
流《なが》れがおそい
空気《くうき》の流《なが》れ
圧力《あつりょく》大《だい》
ボールが進《すす》む方向《ほうこう》
圧力《あつりょく》小《しょう》
ボールが回転《かいてん》する向《む》き
ボールが曲《ま》がる方向《ほうこう》
流《なが》れが速《はや》い
マグナス力《りょく》

なります。すると、流《なが》れがおそい側《がわ》から流《なが》れが速《はや》い側《がわ》に向《む》かって、空気《くうき》のおす力《ちから》、つまり「圧力《あつりょく》」がはたらきます。この圧力《あつりょく》がボールをおすので、ボールが進《すす》む向《む》きが曲《ま》がるというわけです。この力《ちから》を「マグナス力《りょく》」というのです。

野球《やきゅう》でピッチャーが投《な》げる、カーブやシュート、スライダーなどの変化球《へんかきゅう》にも、このマグナス力《りょく》がはたらいています。

じゃあ、ボールが回転《かいてん》していないと、どうなるのでしょうか。無回転《むかいてん》のボールは、空気《くうき》の流《なが》れる速《はや》さは同《おな》じなので、上下左右《じょうげさゆう》の圧力《あつりょく》に差《さ》はできませんが、ボールの進《すす》む正面《しょうめん》の空気《くうき》の圧力《あつりょく》が大《おお》きくなって、後《うし》ろの空《くう》気《き》の圧力《あつりょく》が小《ちい》さくなります。そうすると、進《すす》む方向《ほうこう》とぎゃくに引《ひ》っぱる力《ちから》が生《う》まれて、ゆらゆらゆれたり、急《きゅう》に落《お》ちたり、予想《よそう》もできない動《うご》きをします。これが、キーパーがキャッチしづらい無回転《むかいてん》のボール「ブレ球《だま》」の正体《しょうたい》です。

野球《やきゅう》では「ナックルボール」と、よばれています。

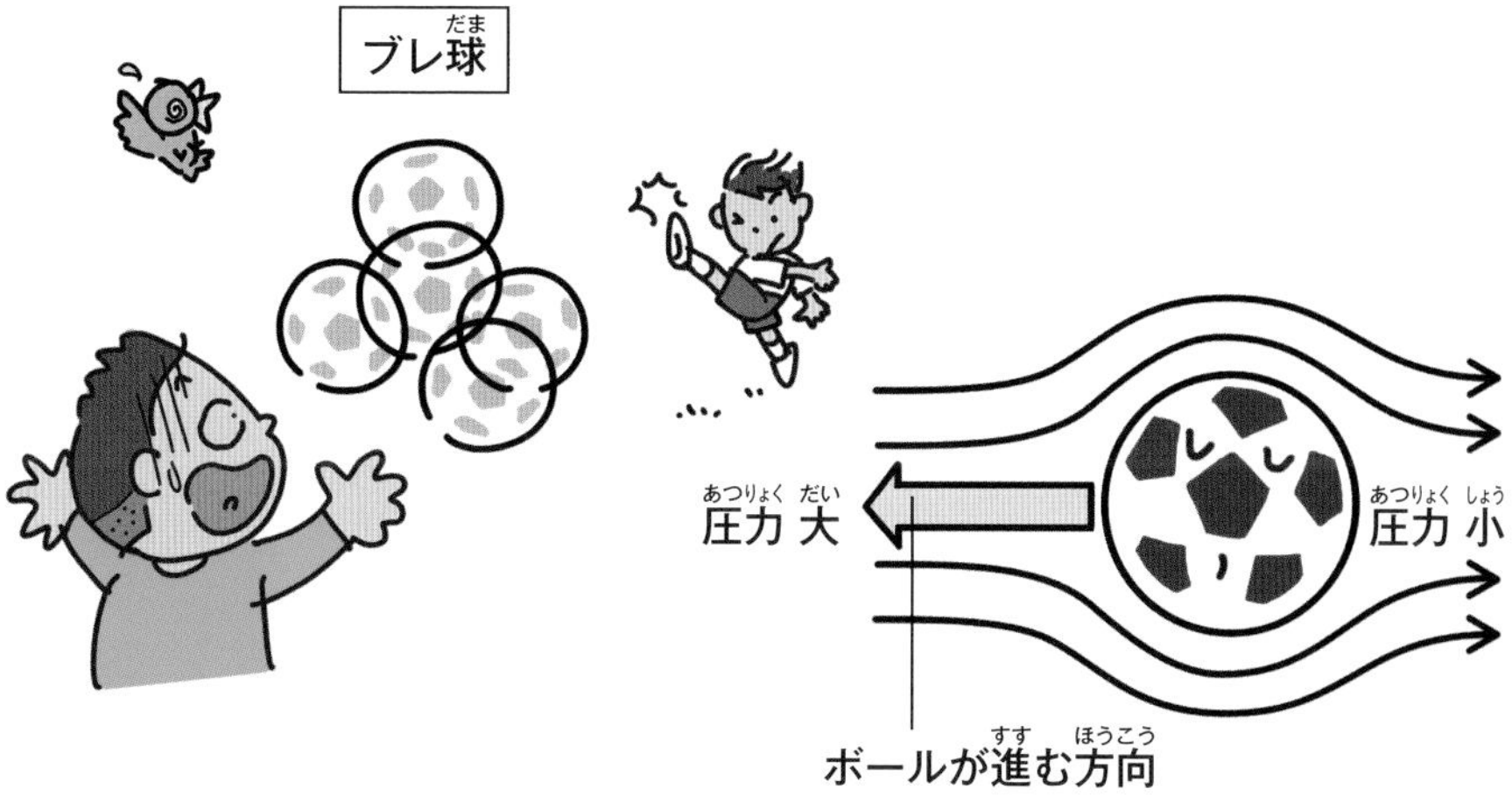

IH《アイエイチ》調理《ちょうり》器《き》は火《ひ》がないのに、どうして調理《ちょうり》できるの？

みなさんは「IH《アイエイチ》調理《ちょうり》器《き》」って知《し》っていますか？

ガスコンロと同《おな》じように、なべやフライパンを置《お》くと、中《なか》のものが加熱《かねつ》されて調理《ちょうり》ができます。だけど、ガスコンロのように火《ひ》が出《で》ているわけでもありません。いったい、どうやって温《あたた》めているんでしょうね。

「IH《アイエイチ》」というのは、「インダクション・ヒーティング」という英語《えいご》の頭文字《かしらもじ》をならべたもので、「ゆうどう加熱《かねつ》」という意味《いみ》です。

磁力《じりょく》の力《ちから》でなべ自体《じたい》が熱《あつ》くなる

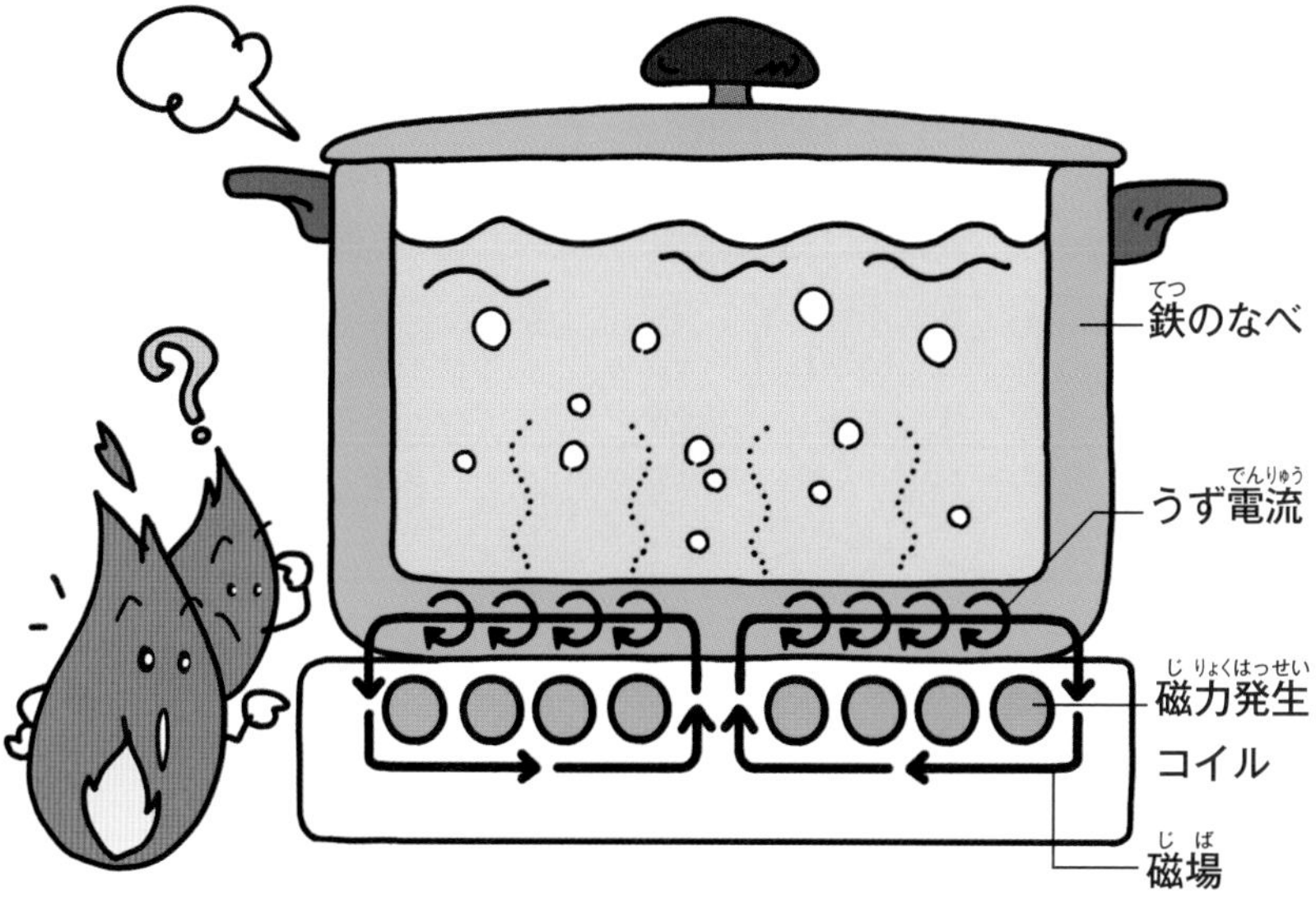

IH《アイエイチ》調理器《ちょうりき》の中《なか》には、電線《でんせん》をうずまきのようにまいたコイルが入《はい》っています。このコイルに電気《でんき》を流《なが》すと、コイルの周《まわ》りには「磁場《じば》」ができます。磁場《じば》というのは、磁石《じしゃく》のように磁力《じりょく》がはたらいている場所《ばしょ》のことです。理科《りか》の実験《じっけん》で、磁石《じしゃく》の周《まわ》りに砂鉄《さてつ》を置《お》くと、もようができるのを見《み》たことがありませんか？　あれが磁場《じば》です。

この磁《じ》場《ば》の上《うえ》になべなどを置《お》いて、磁《じ》場《ば》のプラスとマイナスをすばやく切《き》りかえることで、なべの底《そこ》にゆうどう電流《でんりゅう》とよばれる電気《でんき》が生《う》まれます。

金《きん》ぞくは電気《でんき》が流《なが》れると熱《あつ》くなる性質《せいしつ》をもっていますから、電流《でんりゅう》が生《う》まれたなべは熱《あつ》くなるというわけです。

ですから、IH《アイエイチ》調理《ちょうり》器《き》で使《つか》うことのできるなべは、鉄《てつ》やステンレスなどだけで

す。土《ど》なべやたい熱《ねつ》ガラスなど電気《でんき》を通《とお》さないものでは、加熱《かねつ》することができません。また金《きん》ぞくでも、銅《どう》やアルミは電気《でんき》を大変通《たいへんとお》しやすいので、電気《でんき》が熱《ねつ》に変《か》わりません。このためIH《アイエイチ》調理器《ちょうりき》では使《つか》えないとされてきました。しかし最近《さいきん》では、コイルや電流《でんりゅう》の流《なが》し方《かた》を工夫《くふう》することで、銅《どう》やアルミのなべでも使《つか》えるIH《アイエイチ》調理器《ちょうりき》もあります。

このようにIH《アイエイチ》調理器《ちょうりき》は火《ひ》を使《つか》いませんが、調理台《ちょうりだい》には加熱《かねつ》していたなべの熱《ねつ》が伝《つた》わって熱《あつ》くなっていることもありますから、さわらないように注意《ちゅうい》しましょう。

身近《みぢか》なふしぎ

カーナビはどうして、車《くるま》の居場所《いばしょ》がわかるの？

家族《かぞく》でドライブ、楽《たの》しいですね。カーナビ（カー・ナビゲーション・システム）にピピッと入力《にゅうりょく》すれば、あっという間《ま》に目的地《もくてきち》までの道順《みちじゅん》を教《おし》えてくれます。まい子《ご》になっても大丈夫《だいじょうぶ》。わたしたちがいる場所《ばしょ》をすぐに見《み》つけて、道《みち》を教《おし》えてくれます。とっても便利《べんり》ですね。

でも、どうしてカーナビは、動《うご》いている車《くるま》の場所《ばしょ》がすぐにわかるのでしょうか。

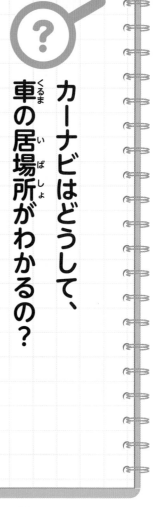

それは、地球《ちきゅう》の周《まわ》りを飛《と》んでいるGPS《ジーピーエス》衛星《えいせい》をはじめとしたさまざまな「測位衛星《そくいえいせい》」から、時《じ》こくを知《し》らせる電波《でんぱ》を受《う》け取《と》って、居場所《いばしょ》を特定《とくてい》しているからですよ。測位衛星《そくいえいせい》は、アメリカやロシアをはじめ、日本《にほん》なども打《う》ち上《あ》げていて、げんざいでは約百三十《やくひゃくさんじっ》こが、それぞれのき・道《どう》で地球《ちきゅう》を取《と》り囲《かこ》んでいます。それを世界中《せかいじゅう》の人《ひと》たちが使《つか》っているのです。

カーナビの場合《ばあい》は、カーナビに記録《きろく》されている地図《ちず》のじょうほうに、測位衛星《そくいえいせい》で受信《じゅしん》した「今《いま》、車《くるま》がどこにいるか」という位置《いち》じょうほうを組《く》み合《あ》わせることで、地図《ちず》のどこを走《はし》っているのかがわかります。

測位衛星《そくいえいせい》は、つねに電波《でんぱ》で正《せい》かくな時間《じかん》と位置《いち》のじょうほうを地上《ちじょう》と

測位衛星《そくいえいせい》が居場所《いばしょ》を特定《とくてい》するしくみ

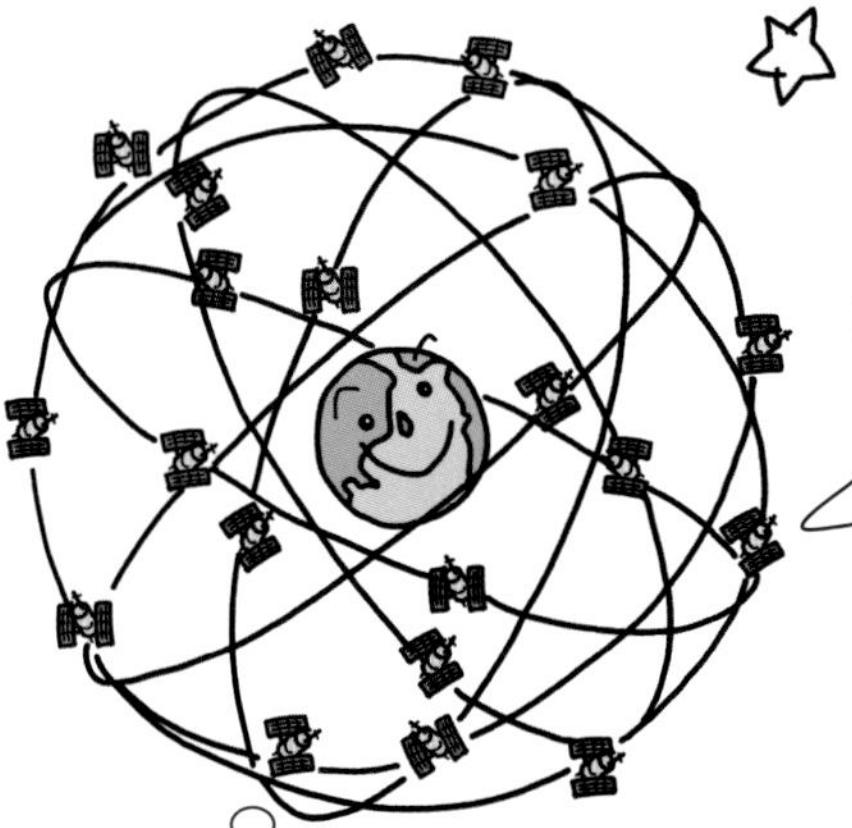

たくさんの測位衛星《そくいえいせい》が地球《ちきゅう》の周《まわ》りを回《まわ》っているよ

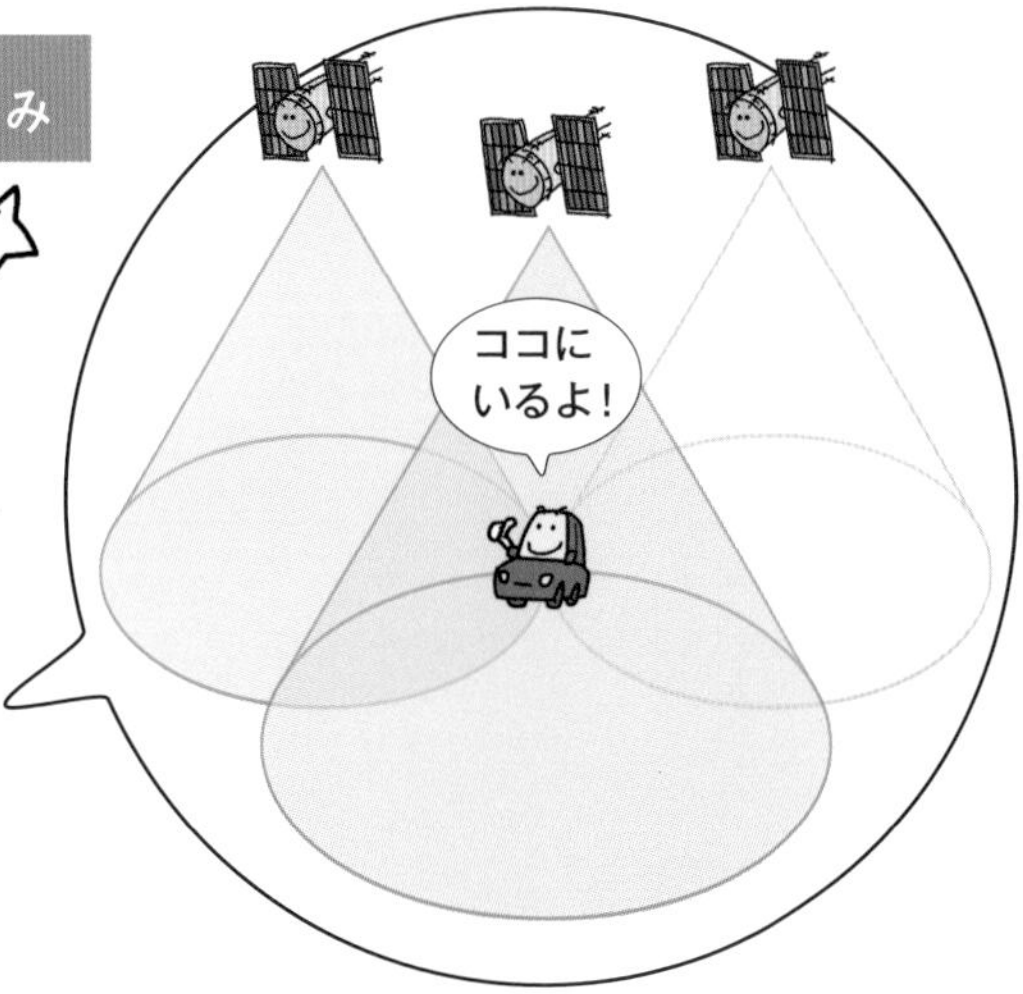

測位衛星《そくいえいせい》がわり出《だ》した円周上《えんしゅうじょう》で、3つが重《かさ》なった場所《ばしょ》に車《くるま》がいるよ

交信《こうしん》し続《つづ》けています。カーナビは、そのじょうほうを電波《でんぱ》で受信《じゅしん》することで、測位衛星《そくいえいせい》からのきょりをわり出《だ》しているのです。

ただし、測位衛星《そくいえいせい》は地表《ちひょう》から約《やく》二万《にまん》キロメートルの高《たか》さにあるため、地上《ちじょう》のさまざまな場所《ばしょ》にとどくまでに、時《じ》こくが少《すこ》しずれることがあります。そこで、三《みっ》つ以上《いじょう》

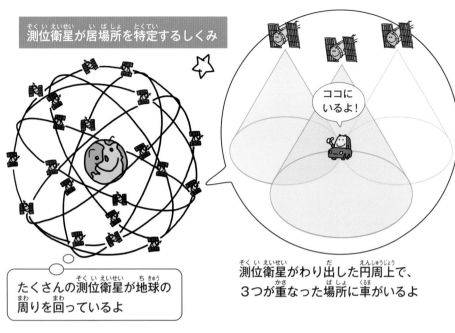

の測《そく》位《い》衛《えい》星《せい》の電《でん》波《ぱ》をキャッチすることで、より正《せい》かくな位置《いち》をわり出《だ》しています。

最近《さいきん》のけい帯電話《たいでんわ》やスマートフォンには、ほぼこうした機《き》のうがついています。方向音《ほうこうおん》ちの人《ひと》でも、もう道《みち》にまようことはなさそうですね。

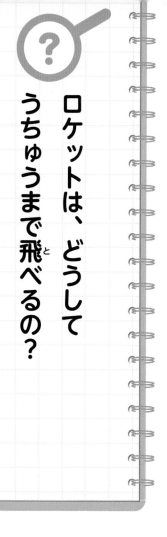

ロケットは、どうしてうちゅうまで飛《と》べるの？

みなさんは、テレビなどでロケットの打《う》ち上《あ》げを見《み》たことがありますか？　「3《スリー》、2《ツー》、1《ワン》、0《ゼロ》、……」わくわくする秒読《びょうよ》み、ロケットの下《した》からふき出《だ》すほのお。大《おお》きな音《おと》と光《ひかり》、もくもくとわき上《あ》がる水《すい》じょう気《き》やけむり。ロケットは、光《ひかり》とけむりのおを引《ひ》いて高《たか》く、高《たか》く、雲《くも》もつきぬけて空《そら》へと飛《と》んでいきます。

巨大《きょだい》なロケットを高《たか》い空《そら》にもち上《あ》げるために、ロケットには強力《きょうりょく》なロケットエンジンがついています。このロケットエンジンがガスを下《した》に向《む》けてふき出《だ》し、その反動《はんどう》でロケットが上《うえ》にもち上《あ》げられているのです。たとえば、いっぱいにふくらませたゴム風船《ふうせん》の口《くち》をしばらないで手《て》をはなすと、空気《くうき》をふき出《だ》しながら飛《と》んでいくのと同《おな》じです。このとき風《ふう》船《せん》を飛《と》ばしているのは、空気《くうき》をふき出《だ》した反動《はんどう》による力《ちから》です。このようなおし進《すす》める力《ちから》のことを「推力《すいりょく》」といいます。推力《すいりょく》は、空気《くうき》がふき出《だ》す向《む》きとは反対《はんたい》の方向《ほうこう》にはたらきます。

ロケットはエンジンの中《なか》で、高圧《こうあつ》のねん焼《しょう》ガスをたくさんつくって、それを高速《こうそく》でふき出《だ》すことで推力《すいりょく》を得《え》ているのです。

身近《みぢか》なふしぎ

ではロケットと飛行機《ひこうき》のエンジンは、どうちがうのでしょう。

飛行機《ひこうき》のなかでもジェット機《き》には、強力《きょうりょく》なジェットエンジンがついています。ジェットエンジンは、空気中《くうきちゅう》のねん料《りょう》をもやすために、酸素《さんそ》が必要《ひつよう》になります。

周《まわ》りの空気《くうき》をすいこみ、ジェットエンジンの中《なか》でぎゅっとおしち

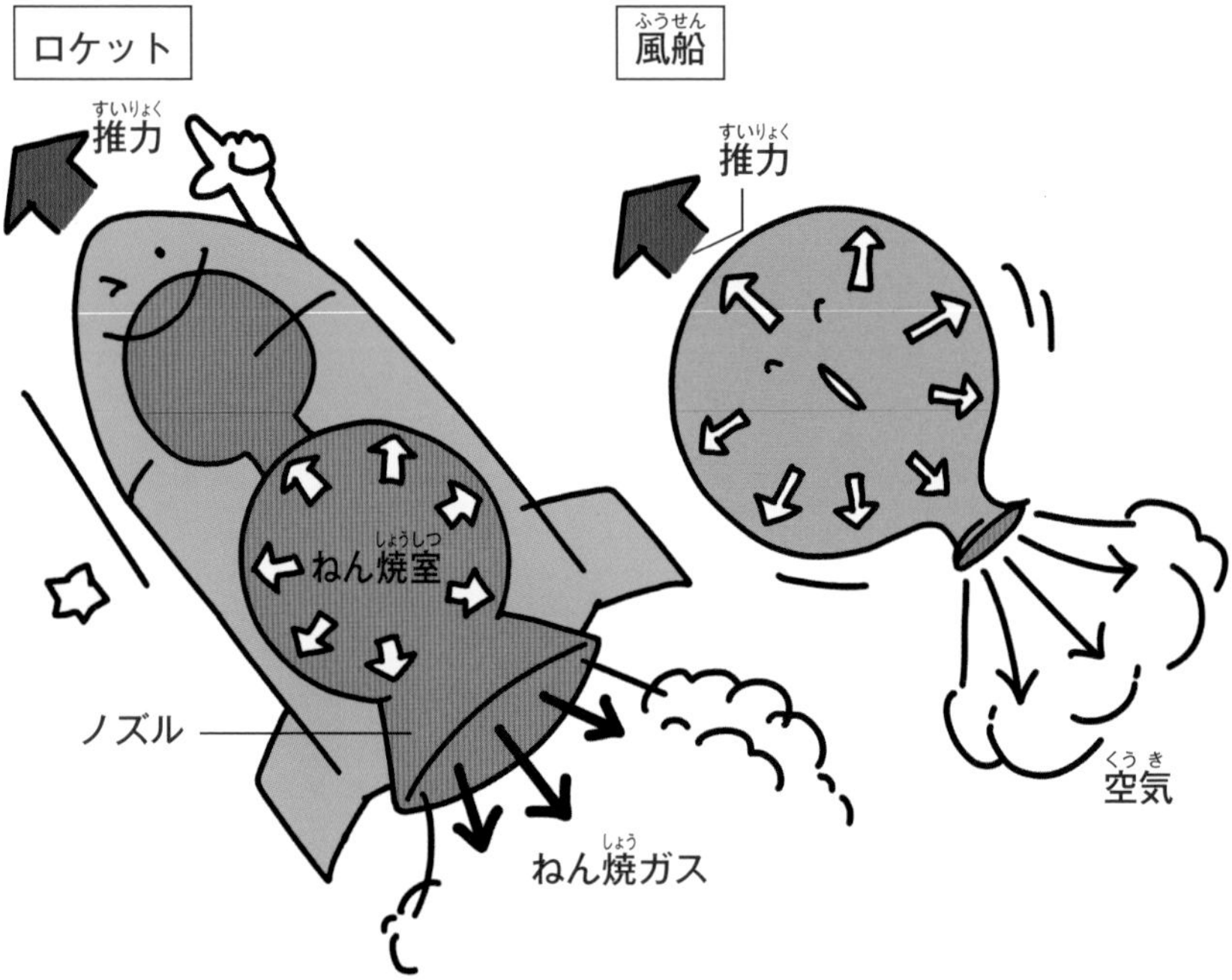
ロケット
推力《すいりょく》
ねん焼室《しょうしつ》
ノズル
ねん焼《しょう》ガス
風船《ふうせん》
推力《すいりょく》
空気《くうき》

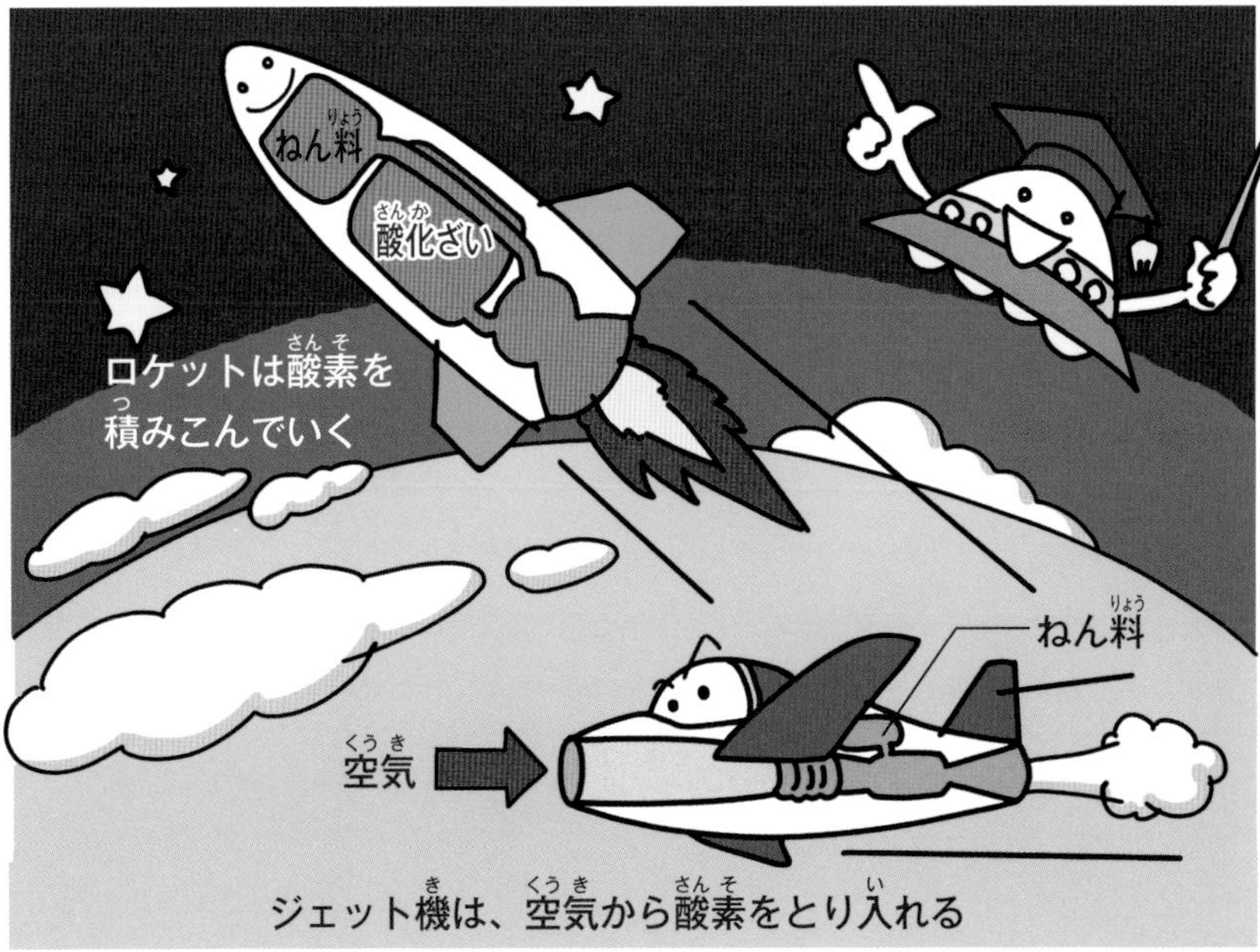
ねん料《りょう》
酸化《さんか》ざい
ロケットは酸素《さんそ》を
積《つ》みこんでいく
ねん料《りょう》
空気《くうき》
ジェット機《き》は、空気《くうき》から酸素《さんそ》をとり入《い》れる

ぢめて、ねん料《りょう》とまぜて、もやしてふき出《だ》すのです。だからジェット機《き》は、空気《くう き》のないところでは飛《と》べないのです。

しかしロケットには、あらかじめ、ねん料《りょう》のほかに酸素《さん そ》を発生《はっせい》させる「酸化《さんか》ざい」が積《つ》みこまれています。そのため、空気《くう き》のないうちゅう空間《くうかん》でも飛《と》べるのです。

身近《みぢか》なふしぎ

アルコールで消毒《しょうどく》するのは、なぜ？

新型《しんがた》コロナウイルス感染症《かんせんしょう》やインフルエンザを予《よ》ぼうするために、建《たて》物《もの》の入《い》り口《ぐち》などにアルコール消毒《しょうどく》えきのボトルが置《お》かれているのを見《み》たことがありませんか？　アルコールをシュッと手《て》にふきかけて、よくこすり合《あ》わせることで、インフルエンザなどの原《げん》いんになるび・生物《せいぶつ》（目《め》に見《み》えないくらい小《ちい》さなウイルスや細菌《さいきん》）を消毒《しょうどく》します。だけど、どうしてアルコールで消毒《しょうどく》できるんでしょうね。

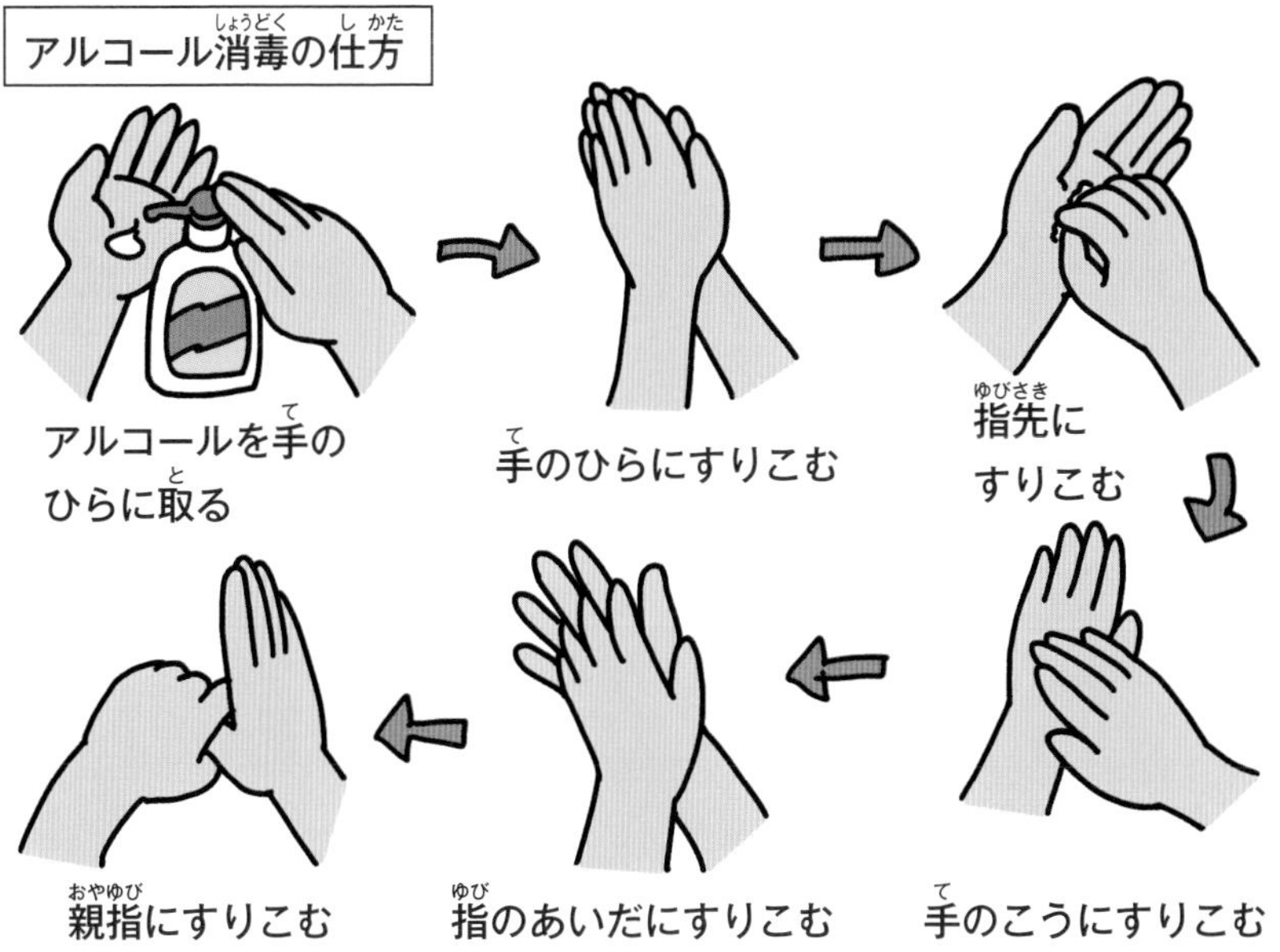
アルコール消毒《しょうどく》の仕方《しかた》
アルコールを手《て》のひらに取《と》る
手《て》のひらにすりこむ
指先《ゆびさき》にすりこむ
手《て》のこうにすりこむ
指《ゆび》のあいだにすりこむ
親指《おやゆび》にすりこむ

ウイルスや細菌《さいきん》には、たんぱくしつがあります。消毒用《しょうどくよう》のアルコールは、そのたんぱくしつを変化《へんか》させてしまうのです。ちょうど生《なま》たまごをゆでると白身《しろみ》が固《かた》まってしまうのと、よくにています。一《いち》度固《どかた》まったら、もう冷《ひ》やしても元《もと》にはもどりませんよね？　ウイルスや細菌《さいきん》も、たんぱくしつが変化《へんか》してしまうと、もう活動《かつどう》できなくなって死《し》んでしまいます。

ところで、石《せっ》けんやせんざいには、「消《しょう》毒《どく》」のほかに「殺菌《さっきん》」とか「除菌《じょきん》」、「抗《こう》菌《きん》」なんていう言葉《ことば》も使《つか》われていますよね。

このちがいについてもお話《はな》ししましょう。

まず「消毒《しょうどく》」というのは、病気《びょうき》の原《げん》いんになるような有害《ゆうがい》なび・生物《せいぶつ》を殺《ころ》してへらすことをいいます。全部《ぜんぶ》を完全《かんぜん》に殺《ころ》すことはできませんが、からだにえいきょうのないてい度《ど》までへらすのです。

「殺菌《さっきん》」は、病気《びょうき》の原《げん》いんになるものにかぎらず、さまざまなび・生物《せいぶつ》を殺《ころ》して、数《かず》をへらすことです。この「消毒《しょうどく》」と「殺菌《さっきん》」は、日本《にほん》の薬《くすり》に関《かん》する法《ほう》りつで対《たい》しょうになっている商品《しょうひん》にしか使《つか》えません。

「除菌《じょきん》」は、び・生物《せいぶつ》を取《と》りのぞいて数《かず》をへらすことです。ですから、手《て》をあらうことも「除菌《じょきん》」になります。

「抗菌《こうきん》」は、び・生物《せいぶつ》が発生《はっせい》したり、ふえたりするのをおさえられると考《かんが》えられているだけで、殺《ころ》したりへらしたりはしません。「除菌《じょきん》」や「抗菌《こうきん》」は、薬《くすり》の法《ほう》りつの対《たい》しょうになっていない商品《しょうひん》にも使《つか》うことができます。

●**監修／荒俣 宏**（作家、博物学者）

1947年、東京生まれ。博物学の本を中心に、世界中の本を収集し、生物学、歴史、妖怪などあらゆる分野の知識に長ける。世界のさまざまな「ふしぎなもの、びっくりするもの、すごいもの」を本や雑誌、テレビなどで広く紹介している。生物のなかでは、とくに海の生物を愛する。著書に『世界大博物図鑑』（平凡社）、『帝都物語』（角川書店）、『アラマタ大事典』『アラマタ生物事典』（講談社）など。

●**本文指導**

からだのふしぎ／橋本尚詞（東京慈恵会医科大学客員教授 特別URA）
動物のふしぎ／田村典子（森林総合研究所多摩森林科学園 研究専門員）
植物のふしぎ／可知直毅（東京都立大学 学長特任補佐）
こん虫のふしぎ／林 文男（東京都立大学理学研究科 客員研究員）
地球・うちゅうのふしぎ／縣 秀彦（国立天文台天文情報センター 准教授）
身近なふしぎ／山村紳一郎（サイエンスライター・和光大学 非常勤講師）

●表紙イラスト／なお みのり
●カバー・本文デザイン／デザインわとりえ（藤野尚実）
●本文イラスト／高橋正輝、菅原紫穂、いずもり・よう、むさしのあつし、内山洋見、ひろゆうこ
●企画／成美堂出版編集部
●編集／河合佐知子、園田千絵、山田ふしぎ、泉田賢吾、小学館クリエイティブ（伊藤史織）

※本書は、弊社から2012年に刊行された『10分で読めるわくわく科学 小学3･4年』の内容を一部修正のうえカラー化し、カバーと表紙を変更したものです。

カラー版 10分で読めるわくわく科学 小学3･4年

監 修 荒俣《あらまた》 宏《ひろし》
発行者 深見公子
発行所 成美堂出版
〒162-8445 東京都新宿区新小川町1-7
電話(03)5206-8151 FAX(03)5206-8159
印 刷 共同印刷株式会社

ISBN978-4-415-33379-3
落丁･乱丁などの不良本はお取り替えします
定価はカバーに表示してあります